叉车操作实务

主 编 刘 敏

北京理工大学出版社
BEIJING INSTITUTE OF TECHNOLOGY PRESS

内 容 简 介

本书是教育部职业与成人教育司推荐教材、高等职业技术教育现代物流创新系列教材之一，是一本既有理论价值又有实用价值的教科书及培训教材。本书是物流管理专业的基础教材，与物流相关专业课紧密衔接，以培养学生职业技能为目标，以物流真实的工作任务及工作过程为依据，整合、序化教学内容，突出实用知识与操作技能，注重内容的实用与新颖，体现了理论知识与实践能力的有机结合。

本书包括叉车驾驶、叉卸货物、维护与故障排除、安全管理及事故预防等四个单元共八个模块。编写过程中，突出叉车使用和维护方面的基本技能训练，对叉车的驾驶训练以及叉车的工作附件做了较详细的介绍，通过实例说明叉车维护的基本内容，对可能出现的事故问题加以总结。全书内容深入浅出，具有较强的实用性和可操作性，便于学习。

本书既适用于各物流类专业、交通运输类学生的学习使用，也可作为广大物流企业人员以及物流咨询机构从业人员的培训或自学用书，还可作为从事物流研究与教学人员的参考资料。

版权专有　侵权必究

图书在版编目（CIP）数据

叉车操作实务/刘敏主编．—北京：北京理工大学出版社，2013.9（2020.8重印）

ISBN 978 – 7 – 5640 – 8077 – 8

Ⅰ.①叉… Ⅱ.①刘… Ⅲ.①叉车 – 操作 – 技术培训 – 教材 Ⅳ.①TH242

中国版本图书馆 CIP 数据核字（2013）第 181386 号

出版发行 /北京理工大学出版社有限责任公司	
社　　址 /北京市海淀区中关村南大街 5 号	
邮　　编 /100081	
电　　话 /（010）68914775（总编室）	
82562903（教材售后服务热线）	
68948351（其他图书服务热线）	
网　　址 /http：//www.bitpress.com.cn	
经　　销 /全国各地新华书店	
印　　刷 /北京虎彩文化传播有限公司	
开　　本 /710 毫米 × 1000 毫米　1/16	责任编辑 /许小兵
印　　张 /9	文案编辑 /许小兵
字　　数 /122 千字	责任校对 /周瑞红
版　　次 /2013 年 9 月第 1 版　2020 年 8 月第 2 次印刷	责任印制 /吴皓云
定　　价 /28.00 元	

图书出现印装质量问题，请拨打售后服务热线，本社负责调换

前　言

现代物流作为一门新兴的综合性边缘科学，随着经济社会的迅猛发展，已越来越引起人们的关注。物流产业的发展，除需要大批物流管理专业人才之外，更急需谙熟技术的大批物流设备操作人才。本书是与物流企业合作，共同开发的工学结合实用教材。

叉车操作技能作为物流企业最青睐的职业岗位，承担着物流行业和各类物流企业一线操作和管理的重任。因此，叉车职业技能培训是提高劳动者知识与技能水平、增强劳动者就业能力的有效措施。

为适应职业技能培训的需要，促进培训工作规范化标准化，本教材在编写过程中，以相应职业（工种）的国家职业标准和岗位要求为依据，力求使教材具有以下特点：

短。教材适合15～30天的短期培训和集中教学技能实训，在较短的时间内，让受培训者掌握各种技能，从而实现就业。

薄。教材厚度薄，字数在万字左右，只讲述必要的知识和技能，不详细介绍理论，避免多而全，强调够用为度，传授最有效的技能。

易。内容通俗，图文并茂。教材以技能操作和技能培养为主线，通过实例逐步地介绍各项操作技能，便于学习、理解和对照操作。

本书由山东商业职业技术学院经济学教授刘敏担任主编，负责全书的框架结构设计及最后的定稿。陆胜州、常杰、刘芹、井颖担任副主编，山东商业职业技术学院刘敏、陆胜州、刘芹、井颖，山东英才学院常杰，青岛职业技术学院龚成洁，德州职业技术学院翟敏，聊城职业技术学院逯义军，无锡商业职业技术学院徐汉文，山东佳怡物流有限公司总经理王琳及运营部总监岳丽等参加了编写。在编写过程中，得到了北京理工大学出版社许小兵编辑的大力指导和帮助，并参阅了有关的教材、网站、研究成果和文献，还得到了有关院校的大力支持，在此一并表示衷心感谢。

我国物流产业的演进异常迅速，对物流人才规格的要求越来越高，物流设备技术水平也在快速提升。但囿于编者的社会阅历和理论水平，本书的疏漏之处在所难免，恳请广大读者不吝指正，并为本书的修订工作提出宝贵意见，以便我们及时修正。

编　者
2013 年 7 月

目 录

概　述 …………………………………………………………………………（001）

第一单元　叉车驾驶 ………………………………………………………（003）

　　模块一　叉车驾驶基本知识 ……………………………………………（003）
　　　　一、叉车的分类 …………………………………………………（003）
　　　　二、叉车各部件名称及作用 ……………………………………（005）
　　　　三、叉车各种技术参数 …………………………………………（006）
　　模块二　叉车驾驶实际操作 ……………………………………………（008）
　　　　一、叉车驾驶室内的布置 ………………………………………（008）
　　　　二、叉车的启动与停熄 …………………………………………（014）
　　　　三、上车、下车与驾驶姿势 ……………………………………（017）
　　　　四、叉车起步、直线行驶及停车 ………………………………（018）
　　　　五、场地综合驾驶 ………………………………………………（020）
　　　　六、换挡、转向和制动的训练 …………………………………（028）
　　练习题与实训项目 ………………………………………………………（033）

第二单元　叉车叉卸货物 …………………………………………………（034）

　　模块三　叉车属具 ………………………………………………………（034）
　　　　一、叉车属具的种类 ……………………………………………（034）
　　　　二、常见叉车属具的使用要求和用途 …………………………（036）
　　模块四　叉车叉卸货物操作 ……………………………………………（037）
　　　　一、货物的叉取和卸放 …………………………………………（037）
　　　　二、叉车装卸、堆垛操作技术要点 ……………………………（039）

练习题与实训项目 …………………………………………………… (042)

第三单元　叉车维护与故障排除 …………………………………… (043)

模块五　叉车的维护 ……………………………………………… (043)
一、叉车维护的目的、基本原则及基本要求 ………………… (043)
二、叉车的整车维护 …………………………………………… (045)
三、叉车的维护周期及项目 …………………………………… (053)
四、叉车发动机的维护 ………………………………………… (056)
五、叉车发动机电器的维护 …………………………………… (059)
六、蓄电池的正确使用和维护 ………………………………… (060)
七、叉车底盘的维护 …………………………………………… (066)

模块六　叉车的故障排除 ………………………………………… (072)
一、叉车故障常用诊断方法 …………………………………… (072)
二、叉车发动机常见故障的诊断与排除实例 ………………… (073)
三、叉车传动系统常见故障的检修 …………………………… (075)
四、叉车制动系统的常见故障排除方法 ……………………… (083)
五、叉车转向系统故障的检修实例 …………………………… (085)
六、叉车起重系统故障的检修实例 …………………………… (088)
七、叉车发动机点火系统常见故障的检修实例 ……………… (092)
八、叉车蓄电池常见故障的检修实例 ………………………… (094)
九、叉车发电机与调节器常见故障的检修实例 ……………… (096)
十、叉车启动机常见故障的检修实例 ………………………… (097)
十一、叉车电路故障的检修 …………………………………… (099)
十二、线束故障的检修与排除 ………………………………… (100)
十三、叉车电器故障的维修、调整和养护 …………………… (100)
十四、叉车的人为故障实例 …………………………………… (101)

练习题与实训项目 …………………………………………………… (103)

第四单元　企业叉车安全管理及事故预防 ………………………… (104)

模块七　企业叉车安全管理 ……………………………………… (104)
一、企业内叉车作业安全与环境保护 ………………………… (104)

二、叉车的安全操作技术检验规范 …………………………………… (106)
　　三、叉车安全事故问题主要原因分析 ………………………………… (115)
模块八　常见叉车伤害事故及其预防 ……………………………………… (121)
　　一、企业叉车装卸、运输的安全隐患及其事故危害 ………………… (121)
　　二、企业内叉车装卸作业事故分析 …………………………………… (122)
　　三、企业叉车事故预防 ………………………………………………… (124)
　　练习题与实训项目 ……………………………………………………… (130)

参考文献 ……………………………………………………………………… (131)

概 述

叉车最早出现在1910年，1928年在美国制造出电动叉车，1935年后出现内燃叉车。

第二次世界大战期间，叉车被广泛用于搬运、储存军用物资，也因此得到了迅速发展。目前，世界各国都在大力发展各类叉车，最大起重量已达到80 t，而最小的仅为0.25 t。随着托盘在集装箱中的广泛使用，叉车属具也趋于多样化，叉车的使用范围将更加广泛。

我国在20世纪50年代初开始研究苏联叉车产品，60年代后，已能生产几个品种的内燃叉车与电动叉车。80年代后，通过组织行业联合设计，引进国外先进技术，我国已能生产起重量0.5~2 t的电动叉车和0.5~42 t的内燃电动叉车。目前14.5 t的电动叉车和2~5 t内燃叉车已成为中国叉车市场上的主打产品。进入21世纪后，中国叉车行业发展迅速，在叉车的设计水平、外观造型和整机性能上已达到或超过国外90年代水平。在数量规模上，目前中国各类叉车批量生产销售企业已达200家，除满足国内市场的需要，还有部分出口到国外。2011年我国叉车年产销量突破30万台，并且以年均30%的速度增长。

目前，国内市场的叉车品牌，从国产到进口有几十家。我国叉车的国产品牌有：合力、杭州、大连、巨鲸、湖南叉车、台励福、靖江、柳工、佳力、靖江宝骊、天津叉车、洛阳一拖、上力重工、玉柴叉车、合肥搬易通、湖南衡力等。我国叉车的进口品牌有：林德（德国）、海斯特（美国）、丰田（日本）、永恒力（德国）、BT（瑞典）、小松（日本）、TCM（日本）、力至优（日本）、尼桑（日本）、现代（韩国）、斗山大宇（韩国）、皇冠（美国）、OM（意大利）、OPK（日本）、日产（日本）、三菱（日本）等。

随着科学技术的进步和市场经济的发展，物流设备在经济发展中的地位和作用越来越明显，叉车普及率越来越高。无论是大型国有企业还是小型私营企业，叉车作业已经取代人力装卸，由此带来的叉车制造企业之间的竞争也越显激烈，促进了叉车制造业以及叉车技术的迅猛发展。目前全球叉车正朝着专业化与生产系列化、人性化、环保化、模块化，以及安全性优良、可维修与可操作等方向发展，例如，概念叉车的驾驶室可旋转180°，整车装备一种集成运行记录器，承担着"黑匣子"的功能。

目前，中国叉车市场空间广阔，吸引了全世界的叉车厂商，世界排名前十位的叉车品牌纷纷抢占中国市场，合资或独资企业超过20家。国内叉车生产企业正在进行技术创新及探索，适时地将新产品推向市场，接受市场的考验，以在激烈的市场竞争中立于不败之地。2008年国际金融危机爆发后，我国环保清洁能源产业尤其是电动叉车发展滞后的态势将发生明显改变，我国的环保清洁能源产品水平会得到更加快速的提高，国际竞争力会进一步增强，叉车行业将充满勃勃生机和活力。

第一单元
叉车驾驶

叉车是物流机械化系统中的重要设备，正确合理地使用叉车，能使其发挥最佳的工作效能。

模块一　叉车驾驶基本知识

一、叉车的分类

叉车又称铲车或万能装卸车，为了作业方便，通常将工作装置设在前方。其主要工作属具是货叉，叉车即由此得名。叉车的种类很多，通常按下列五个方面分类：

1. 按动力装置划分

按动力装置不同，叉车可分为内燃机式叉车、电瓶式叉车和步行操纵式叉车。

2. 按用途划分

按用途不同，叉车可分为普通叉车（通用型）和特种叉车（专用型）。

3. 按结构特点划分

按结构特点不同，叉车可分为前移式叉车（见图 1-1）、插腿式叉车（见图 1-2）、拣选式叉车（见图 1-3）、侧面式叉车（见图 1-4）、越野式叉车（见图 1-5）、跨车和直叉平衡式叉车共七种类型。

4. 按地面支撑点数划分

按地面支撑点数不同，叉车可分为四点支撑式叉车和三点支撑式叉车。

5. 按轮胎种类划分

按轮胎种类不同，叉车可分为实心轮胎叉车和充气轮胎叉车。

叉车是由自行的轮式底盘车辆和一套能垂直升降及前后倾斜的工作装置组成的。轮式底盘车辆由动力装置、传动系统、驱动桥、转向系统及转向桥组成。工作装置也称起升机构，由门架、液压缸及货叉组成。

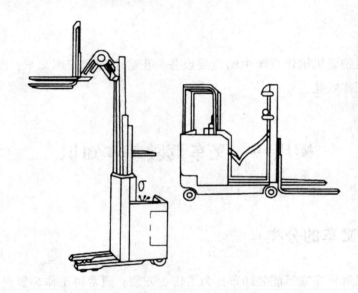

图 1-1　前移式叉车

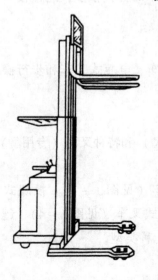

图 1-2　插腿式叉车

图 1-3　拣式选叉车

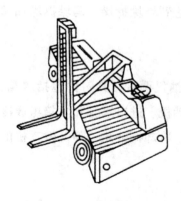
图1-4 侧面式叉车

图1-5 越野式叉车

叉车被广泛用于企业、仓库、车站、港口等处，进行成件或包装件货物的装卸、搬运、堆码和拆垛等工作，在换装其他工作属具（如叉套、铲斗、吊杆等）以后，还可用于散状货物和非包装的其他货物的装卸和搬运作业，因而扩大了使用范围。

叉车的主要作用是：实现装卸、搬运作业机械化，减轻劳动强度，节约劳动力，提高工作效率；缩短装卸、搬运、堆码的作业时间，加速物资、车辆的周转；提高仓库的利用率，促进库房向多层货架和高层仓库发展；减少货物破损量，提高作业的安全程度。

二、叉车各部件名称及作用

内燃机叉车因传动类型不同有专用的部件。内燃机叉车不论动力源是汽油机还是柴油机，按传动类型都可分为机械传动、液力传动和静压传动。目前广泛使用的为机械传动和液力传动两种类型。液力传动叉车设有液力变矩器和动力换挡变速器，在叉车的总体装置上，这两个部件分别相当于机械传动叉车上的离合器和机械变速器。

电瓶叉车的部件一部分与内燃机叉车相同，另一部分因有蓄电池、直流电动机而有所不同。

1. 起升机构

起升机构是叉车的工作机构，也称为起升系统或装卸系统。起升机构的作用是实现货物的起升、下降、前倾和后倾，达到堆垛拆垛、码垛拆垛和倾卸装车的目的。

2. 发动机部件及其附件

发动机是叉车的动力源，分为汽油机和柴油机两种，其附件包括水箱、进出水管、消声器及安装用的减振垫组件。发动机、进出水管和水箱组成冷却水循环的回路，发动机旋转时风扇排出风量，冷却循环水，降低发动机的温度，使发动机正常工作。

3. 离合器和变速器

离合器是内燃机叉车机械传动装置中连接发动机和变速器的部件，它的作用是在发动机启动或叉车运行换挡时，使发动机传动装置分离，保证叉车平稳启动，顺利地变换速度，防止传动机构过载。

变速器是机械传动装置的中间部件，由齿轮轴、箱体、变速杆组成。它的作用是改变发动机传给驱动轮的转矩和转速，使叉车获得需要的牵引力和运行速度，以适应各种道路条件下的起步、爬坡、高低速度转换和前后运行的要求。变速器中的齿轮通过变速杆有前进挡、倒退挡、空挡等三个工作位置。

三、叉车各种技术参数

1. 空车质量（自重）

空车质量又称自重，是指完全装备好的叉车质量，以 kg 计。叉车自重是表示叉车质量的技术指标。

2. 载质量（额定起重量）

载质量是指叉车装运时最大额定载物质量，即货物重心至货叉垂直段前臂的距离不大于载荷中心距时，允许起升货物的最大质量，以 T 表示。

3. 总质量

总质量是指空车质量与载质量之和。

4. 叉车外形尺寸

叉车外形尺寸是指叉车的总长 A、总宽 B 和总高 E，如图 1-7 所示。为了使叉车具有比较好的机动性能，其外形尺寸应尽量减小。

叉车总长——叉尖至车体尾部最后端的水平距离称为总长。

叉车总宽——平行于叉车纵向对称平面两极端间的距离称为总宽。

叉车总高——门架垂直、货叉降至最低位置时，由地面至车体最上端的垂直高度称为总高。

叉车驾驶员要熟知叉车的外形尺寸，以便于驾驶叉车安全进出车间、仓库等地。

5. 最小离地间隙

最小离地间隙是指满载时除车轮外，车体上固定的最低点至车轮接地表面的距离，它表示叉车无碰撞地越过地面凸起障碍的能力。

6. 轴距

叉车轴距是指叉车前、后桥中心线间的水平距离，如图1-6中所示的 L。

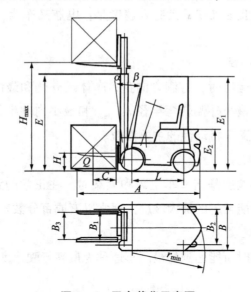

图1-6　叉车载货示意图

7. 轮距

叉车轮距是指同一轴上左、右两轮中心的距离，即以双轮胎为两端时两轮中心间的距离。叉车轮距 B_2，如图1-6所示。

8. 载荷中心距

载荷中心距是指在货叉上放置标准的货物时，其货物重心线至货叉垂直段前壁的水平距离，如图1-6所示的 C，单位为 mm。

9. 最大起升高度

在平坦坚实的地面上,叉车满载,轮胎气压正常,门架垂直,货物升至最高处,货叉水平段的上表面至地面的垂直距离称为叉车的最大起升高度,简称为起升高度,如图1-6所示的 H_{max},单位为 mm 或 m。

10. 门架倾角

门架倾角是指空载的叉车在平坦坚实的地面上,门架相对于垂直位置向前和向后的最大倾角,如图1-6所示的 α、β。门架前倾角 α 的作用是为了便于叉取和卸下货物;后倾角 β 是当叉车带货运行时,为防止货物从货叉上滑落,增加叉车运行时的纵向稳定性而设置的。

11. 最大起升速度

叉车最大起升速度通常是指叉车满载时货物起升的最大速度,单位为 m/min。目前,我国叉车最大起升速度是:电瓶叉车为 12 m/min,内燃机叉车为 25 m/min。

12. 最小转弯半径

叉车空载低速运行时,打满方向盘,车体最外侧和最内侧至转弯中心的最小距离分别称为最小外侧转弯半径 $r_{(外,min)}$ 和最小内侧半径 $r_{(内,min)}$。最小外侧转弯半径是决定叉车机动性的主要参数。

13. 最大爬坡度

叉车的最大爬坡度是指叉车空载和满载时,在正常的路面情况下,以低速挡等速运行时所能爬越的最大坡度,通常以度或百分数表示。

14. 最高行驶速度

叉车满载运行时所能达到的最高车速称为最高行驶速度,单位为 km/h。

模块二 叉车驾驶实际操作

一、叉车驾驶室内的布置

不同类型叉车操纵装置的结构、作用和设置情况因车型、厂家不同而表现为机件和仪表略有差异，但基本功能和用途一样，操纵方法也大同小异。叉车的操纵机构主要由方向盘、油门踏板、离合器踏板、脚刹车踏板、手刹车手柄、起升油缸手柄、倾斜油缸手柄、属具手柄、换向操纵手柄、变速操纵手柄等组成。为了操纵方便，各种操纵装置和仪表都设置在驾驶室内的适当位置，叉车操纵手柄、仪表和方向盘装置位置如图1-7所示。

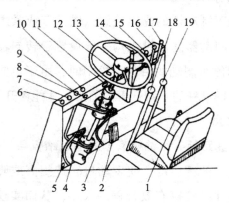

图1-7 叉车操纵手柄、仪表和方向盘装置位置

1—停车手柄；2—油门踏板；3—脚刹车踏板；4—离合器踏板；5—脚踏变光开关；
6—电流表；7—燃油量表；8—点火开关；9—机油压力表；10—水温表；11—转向灯开关；
12—总灯开关；13—方向盘；14—手刹车手柄；15—起升油缸手柄；16—倾斜油缸手柄；
17—属具手柄；18—换向操纵手柄；19—变速操纵手柄

离合器踏板是离合器的操纵装置，用以控制离合器的分离与接合，以实现动力的切断与传递。用左脚掌操纵离合器踏板，踩下时离合器分离，发动机与传动系统的动力传递便中断，此时发动机虽在运转，仍能将变速杆换入需要的挡位；松开时离合器接合，动力接通，将运动传递给车轮。踩下踏板时动作要迅速，一次踩到底，严禁长时间使用半联动或将脚放在踏板上。换空挡时离合器踏板可迅速抬起，叉车起步或换挡时，抬起离合器踏板要缓慢或先快后慢。

1. 脚刹车踏板的操纵

脚刹车踏板又称脚制动踏板，是行车制动器的操纵装置，用来实现减速或停车。用右脚掌操纵制动踏板，踩下踏板时两前轮同时制动，使叉车减速或停止运行。为不使发动机熄火，可同时操纵离合器踏板。操纵时，先放松油门踏板，并踩下脚刹车踏板，再以膝关节或脚关节的伸屈动作踩下或放松。

踩下踏板的行程和速度应视不同制动效果的要求而调整。可采取立即完全踩下或先轻踩下再逐渐加重的方式，以达到减速或停车的目的。有时一次制动无效，应立即抬起踏板踩第二次，除有紧急情况需紧急制动外，一般应缓慢踩下，迅速放松。

2. 手刹车手柄的操纵

手刹车手柄是停车制动器的操纵装置，供停车或紧急制动时使用，以免叉车自动溜车。停车制动器的操纵机构一般设置于转向器的右部或左部，用手向后拉紧即可达到停车制动的目的。松闸时，由于单向棘爪将杆锁住，需用拇指按下手制动器操纵杆的上端，再向前推，才能松开停车制动器。

3. 油门踏板的操纵

油门踏板又称加速踏板。汽油机叉车的加速踏板与汽化器的节气门相连，用来控制汽化器节气门的开启度，使发动机转速提高或降低。柴油机叉车的加速踏板用来控制喷油泵柱塞有效行程的大小，从而实现喷油量的调节，使发动机的转速发生变化。

操纵加速踏板时，以右脚跟放在驾驶室底板上作为支点，脚掌轻踩在加速踏板上，用脚关节的伸屈动作踩下或放松。操纵时要做到连续轻踩，缓缓抬起，不可忽踩忽放或连续抖动。除必须使用制动循环外，其余时间右脚都应轻放在加速踏板上。操作中踩下加速踏板时，汽油机叉车的汽化器节气门打开，混合气增多，汽油机转速增高；柴油机叉车的油门踏板通过杠杆机构操纵高压液压泵的油量调节杆，使供油量增大，柴油机转速增高，松开油门踏板时供油量减少，发动机转速降低。

对于电瓶叉车，为使操作统一化，将油门踏板改为调速踏板，通过变换内部的电气线路来控制叉车的运行速度。

节气门、阻风门拉手和停车手柄等次要操纵机构均是为了发动机的启动、停车使用的。

4. 方向盘的操纵

方向盘又称转向盘，是控制叉车行驶方向的装置。正确地运用方向盘是确保叉车沿着正确路线安全行驶的首要条件，并能减少转向机件和轮胎的非正常磨损。为了操纵方便，方向盘上装有快转手柄。

在驾驶叉车的同时，驾驶员还要操纵工作装置进行作业。因此，方向盘的正确握法是：左手握住方向盘上的快转手柄，右手位于方向盘轮缘右侧，且拇指向上自然伸直，四指由外向里握住轮缘，以左手为主，右手为辅，相互配合。当右手操纵其他机件或工作装置时，左手仍能自如地进行左、右转向。叉车在平直道路上行驶时，操纵方向盘的动作要平稳、均匀、柔和，避免不必要的晃动。转向时，一手拉动，一手推送，根据转弯半径的大小转动方向盘。急转弯时，以左手为主，迅速地转动快转手柄，以达到改变方向的目的。

连接于全液压转向器或方向机的方向盘是实现叉车转向或直行的操纵部件。在方向盘上设置快转手柄是为了当右手操纵多路换向阀时，能用左手握住手柄并控制方向盘的动作。通常方向盘顺时针转动时叉车向右运行；反之，叉车向左运行。方向盘中部有喇叭盖，是叉车喇叭的按钮，按下按钮喇叭即响。

5. 变速杆、换向杆的操纵

变速杆是变速器变速的操纵装置，用来接合或分离变速器内的各挡齿轮，使变速器内各挡位的齿轮啮合或分离，或使离合套或动力换挡箱的湿式离合器接上或分开，以实现动力传递的变化，改变叉车的行驶速度。换向杆与变速杆具有相同的功能，主要用来实现叉车的前进或后倒，并与变速杆配合。操纵换向杆时，应在叉车制动停车后再合上离合器，使叉车改变运行方向。变速杆通常有 2~4 个前进挡、1~2 个倒挡和 1 个空挡。电瓶叉车换向杆的操纵是使运行电动机反向运转，以达到叉车改变运行方向的目的。

手握变速杆，应以掌心贴住球头，五指握向手心，球头自然地握在掌心里。操纵变速杆时，两眼应注视前方，左手握稳快转手柄，在右脚松抬加速踏板的同时，左脚踩下离合器踏板，右手用手腕及肘关节的力量准确地将其推入或拉出某一选定的挡位。变速杆移入空挡后，不要来回晃动，不得低头察看，切忌强拉硬推，以免方向跑偏或使齿轮磨损。

6. 座椅调整杆的操纵

为使不同体形的驾驶员都有一个比较舒适的驾驶位置，设在坐垫下部的座椅调整杆可使座椅沿滑轨前后移动到最适合操作的位置。

7. 工作操纵装置

在方向盘的右侧有多个操纵手柄，用以实现多路换向阀阀杆的操纵。通常，靠近方向盘的为起升阀杆，又称起升操纵杆。向后压下操纵杆时货叉起升，向前抬起操纵杆时货叉下降，操纵杆处于中间位置时为停止。起升操杆的右侧为倾斜阀杆，又称倾斜操纵杆，向后压下操纵杆时门架后倾；向前抬起操纵杆时门架前倾；阀杆处于中间位置时为停止。属具阀杆又称属具操纵杆，它是根据不同用途叉车的作业需要来配置的。换向杆通常与变速杆排列在一起，当换向时，必须在完全停止状态下进行，否则将会发出较大的响声，并损坏齿轮。

叉车工作操纵装置由右手操纵。其手柄的握法是：先以掌心贴住球头，拇指和食指伸直，分别位于手柄的左方和上方，其余三指自然弯曲朝向掌心。

（1）升降手柄的操纵方法

当起升货物或货叉时，先稍踩加速踏板，使发动机转速提高；再稍向后拉升降手柄，起升阀杆上升，使货叉连同货物缓慢升起；然后提高发动机转速，并将手柄拉到底，使门架达到应有的速度；待到达最高位置之前，在放松加速踏板的同时，使货叉连同货物缓慢到达所需位置；松开手柄，货叉即停留在某一高度。当需降落货叉及货物时，向前推动升降手柄，货叉及货物在自重作用下落下，松开手柄，货叉及货物即停止。操纵手柄时，两眼应注视货叉上的货物，用余光观察叉车周围的情况。动作要柔和，避免突然前推或后拉手柄，以免损坏货物、发生人身和机械事故。

（2）倾斜手柄的操纵方法

向前推倾斜手柄，倾斜阀杆下降，门架前倾；向后拉倾斜手柄，倾斜阀杆上升，门架及货叉后倾；松开手柄，门架保持在一定位置不动。门架的倾斜速度可通过改变发动机转速的大小和倾斜阀杆的位置来实现。

（3）属具手柄的操纵方法

操纵属具手柄时，动作要柔和，避免突然前推或后拉。特别是当属具接触货物时，要注意属具阀杆的移动量，不但要使属具与货物可靠接触，而且不能损坏货物。

8. 指示仪表

（1）电流表

电流表用来指示蓄电池充电或放电的情况。充电时,指针偏向"＋"号侧;放电时,指针偏向"－"号侧。数字表示电流大小,单位为 A。

(2) 水温表

水温表用来指示发动机运转时冷却水的温度,单位为℃,它在接通点火开关后才起作用。发动机的正常水温应为 80℃～90℃。

(3) 燃油表

燃油表用以指示燃油箱内的存油量。表盘上有"0"、"1/2"、"1"共3个读数,分别表示油量为"空"、"半满"和"全满"。

(4) 机油压力表

机油压力表用来指示发动机运转时润滑系统主油道的压力,表上的刻度单位为 MPa。各车型发动机的正常机油压力应符合生产厂家的规定。

(5) 计时表

计时表用来记录发动机工作的时间,据此确定叉车维护和修理的周期,叉车作业的性质及内容。表上的计时单位为 h,末位数字为 0.1。

(6) 油温表

油温表用来显示液力传动系统中液力变矩器工作油液的温度。变矩器正常工作油温应控制在 85℃～100℃,当超过 100℃时应停车冷却。

(7) 挂挡压力表

挂挡压力表用来指示液力传动系统中变速箱液压离合器的工作油压。表盘上的刻度单位为 MPa。车型不同,其压力值有差异,一般为 0.98～1.4 MPa。

(8) 车速里程表

车速里程表是复合式仪表。车速表用来指示行驶速度,指针读数为瞬时车速,单位为 km/h;里程表的读数随行驶里程的增加而增大,为累计里程,单位为 km,用数字显示。

9. 开关

(1) 电源总开关

电源总开关用于控制蓄电池和全车用电设备之间的连接。接通电源总开关后,才可以操纵各部分用电设备。

（2）点火开关

点火开关用来接通或切断汽油机点火线路和各仪表的电路，且常与启动机的电磁开关线路连接在一起，故也叫点火启动开关。它有三接线柱和四接线柱两种类型。叉车上常用四接线柱式。

（3）预热启动开关

预热启动开关将预热开关和启动开关制成一体，用于控制柴油机叉车发动机的电路。开关的背面有电源、接柱1和接柱2共3个接柱。转动预热启动开关手柄，可接通或切断不同电路。

（4）灯光总开关

灯光总开关用来开启或关闭叉车的前灯和后灯。它大多是一种拉钮式开关，有单挡位、双挡位和三挡位之分。不同型号的叉车所采用的开关型号不完全相同。

（5）转向灯开关

转向灯开关用以接通或切断叉车左侧或右侧转向灯和转向指示灯。目前，叉车上普遍采用板柄式或拉钮式开关。板柄式转向开关安装在方向盘下方的转向轴上。

（6）喇叭按钮

喇叭按钮用以接通喇叭电路，使喇叭发出声响。它多装在方向盘的中央或两侧。

二、叉车的启动与停熄

叉车发动机的启动与停熄是叉车驾驶基本操作内容之一。驾驶员在一天的驾驶及装卸中，将会多次进行这种操作，其操作的正确与否直接影响着发动机的使用寿命和燃料消耗量。因此，了解和掌握发动机的启动和停熄的正确操作方法是叉车驾驶员不可忽视的问题。

根据当时的大气温度和发动机温度不同，启动发动机常有低温启动、常温启动、热车启动和严寒中启动等方式，发动机温度不同其启动的方法也不完全一样。汽油发动机的启动顺序及操作方法见表1-1，柴油发动机的启动顺序及操作方法见表1-2。

表1-1 汽车发动机的启动顺序及操作方法

启动顺序			操作方法
热车	常温	低温	
1	1	1	拉紧手制动手柄,将变速杆、换向杆置于空挡位置,做启动前的各种检查
		2	用热水或蒸汽预热发动机,使发动机温度达到30℃~40℃
	2	3	适当拉出阻风门拉钮
2	3	4	接通点火开关
3	4	5	适当踩下油门踏板
4	5	6	用启动机启动,每次使用时间不应超过5 s;再次使用时,需停15 s以上
	6	7	发动机启动后,视情况及时调节阻风门开启度,维持低速运转,让给发动机升温,放松离合器踏板
5	7	8	根据发动机升温情况逐渐推向阻风门,发动机运转正常,水温达50℃以上时,可挂挡起步(起步时,应使门架距地面300 mm以上,且后倾)

表1-2 柴油发动机的启动顺序及操作方法

启动顺序			操作方法
热车	常温	低温	
1	1	1	拉紧停车制动手柄,将变速杆、换向杆置于空挡位置,做启动前的各种检查
		2	用热水或蒸汽预热发动机,使发动机温度达到10℃以上
2	2	3	将排气制动器(或拉钮)推到原位,使其开启
4			打开开关,将预热启动开关转到"启动"位置,同时踩下油门踏板,使发动机启动
	3	4	打开开关,将预热启动开关转到"预热"位置,经15~30 s后迅速将开关旋到"启动"位置,同时踩下油门踏板使发动机启动
	1	5	启动后,调整油门使发动机在500 r/min左右怠速运转
1	5	6	怠速运转3~5 min,将转速提高到1 000~1 500 r/min,待水温达50℃以上时,踩下离合器踏板,挂挡起步,起步前,应使门架距地面300 mm以上,且后倾到位

我国幅员辽阔，南北地区温差较大，即使在同一季节，上述几种不同气温的情况都可能存在。所以应该采用不同的启动方法，尽量减少不利因素给发动机的启动工作带来的影响。发动机在低温下启动较为困难，并且由于润滑不良，机件磨损加剧，燃耗增多，因此，叉车应采用"预热升温"的启动方法，即向发动机的冷却系统加注热水，使其温度上升到30℃~40℃再启动。

1. 启动前检查

启动发动机前，应检查散热器中的水量、曲轴箱内的机油平面、燃油箱和工作油箱的储油量；检查转向系统接头处有无松脱，紧固是否可靠；检查离合器踏板及制动踏板的自由行程是否正常，制动是否灵活可靠；检查蓄电池存电情况及液面高度，必要时添加蒸馏水；检查大灯、小灯、转向灯和仪表工作是否正常；检查前、后轮胎压，清除嵌在胎纹间的石子和杂物等。检查后，注意将停车制动手柄拉紧，并将变速杆和换向杆放在空挡位置。

2. 启动操作

发动机启动前的准备工作完毕后即可启动。操作程序是：拉紧停车制动手柄，将变速杆置于空挡，打开汽油机点火开关以接通点火线路，打开柴油机启动总开关以接通充电器和启动机按钮线路，有预热装置的将开关转到"电热塞接通位置"，踩下离合器踏板，稍踩一下油门踏板，拉出汽油机阻风门按钮，按下启动按钮，启动发动机，启动后立即松开启动按钮。如启动困难应进行检查，排除故障之后再启动。发动机启动后，节气门的开启度不要太大，待发动机怠速运转慢慢稳定后，松开离合器踏板，保持低速运转，逐渐升高发动机温度。切勿用大油门或猛轰油门，以免造成机油压力过高，发动机磨损加剧。根据升温情况，汽油机应及时调节阻风门的开启度直至完全开启，柴油机则应推回加油装置拉钮。当发动机升温至50℃~60℃时，经低、中、高各种转速运转检查，确认发动机无异常声响，各指示仪表情况正常，无焦臭味，无漏水、漏油、漏气等现象，在确保安全运行的情况下，方可挂挡起步。柴油机启动后，怠速运转3~5 min，应将转速提高到1 000~1 500 r/min，使发动机升温到60℃以上再起步。

3. 发动机启动后的检查

发动机启动后，当温度升到50℃以上时，经各种转速运转检查，发动机无异常响声，无漏油、漏水现象，无焦臭气味，仪表工作正常，货叉升降平稳，门架倾斜到位，则可挂挡起步。否则，应立即熄火，查明原因并排除故障。

4. 发动机的停熄

汽油发动机一般在正常情况下停熄时，只需将点火开关关闭，查看电流表指针的摆动情况，判明电路是否已经切断。在停熄发动机前，切勿猛踩加速踏板轰车，这样不仅增加机件的磨损，而且浪费燃料。若发动机在重负荷行驶后因其温度过高需停车熄火，应使发动机怠速运转数分钟。使发动机均匀冷却，待水温降至90℃时再关闭点火开关停机。柴油机需要停熄时，应先怠速运转数分钟，待机体均匀冷却后，操纵停车手柄，使喷油泵柱塞转至不供油位置即可停熄。叉车停车后应拉紧停车制动手柄，换挡杆置于空挡，严寒的环境中还应放空冷却液，注意给蓄电池保温。

三、上车、下车与驾驶姿势

1. 上车与下车

上车时，驾驶员走到驾驶室左侧，面向车门，以左手握门把，打开车门后，左手扶门框内侧，左脚踏上脚踏板，右脚随身进入驾驶室内，并伸向油门踏板方向，右手轻搭在方向盘右下方，同时坐下，待左脚进入驾驶室后将门关好，左手握住方向盘上的快转手柄。

下车时应完成停车操作，然后向叉车的前后、左右环视，无任何异常情况时，用左手打开车门，扶在门框上，将左脚放在脚踏板上，身体向右转，待右脚着地后，左脚向右脚靠拢，同时关好车门即可。

2. 驾驶姿势

正确的驾驶姿势能减轻驾驶员的劳动强度，便于瞭望车前后左右的情况，便于观察仪表和运用各项操纵机件，有利于安全、持久、灵活地驾车作业。为此必须选取好驾驶姿势并养成良好的习惯。

正确的驾驶姿势（见图1-8）是：上车后，身体对正方向盘坐稳，上身轻靠座椅靠背，胸部稍挺，左手握在方向盘的快转手柄上，右手轻搭在方向盘右下方，两肘自然下垂，两眼注视前方，左脚放在离合器踏板下方，右脚掌放在加速踏板上，并始终保持精力充沛、思想集中和操纵自如的状态。倒车时，从后窗看清倒车目标，以左手操纵方向盘，上身侧向右边，下体微向右斜，右手平放在靠背上面，回头从后窗观看目标，操纵完后应迅速恢复原来的驾车姿势。

图1-8 正确的驾驶姿势

四、叉车起步、直线行驶及停车

1. 叉车起步

叉车起步时，身体要保持正确的驾驶姿势，两眼注视前方道路、货叉和货物，注意交通情况，不得低头看脚下。其操作顺序是：按发动机的启动顺序和操作方法启动发动机，扫视各仪表工作是否正常；用控制手柄将货叉置于运行状态，使货叉距地面300 mm以上，门架完全后倾；踩下离合器踏板，将变速杆挂入低速挡，换向杆置于前进（或后倒）位置；鸣喇叭，放松手制动器操纵杆；左脚按要领将离合器踏板放松，同时缓慢地踩下加速踏板，使叉车平稳地起步。

起步平稳的关键是离合器踏板和加速踏板之间的配合。离合器踏板抬起过快或加速不够，都会造成发动机熄火。在松离合器踏板的过程中，开始放松离合器踏板时，动作可快一些，当听到发动机声音有所下降，感到车身有轻微抖动及踏板有顶脚感觉时，应使踏板在此位置上稍加停顿，与此同时，应徐徐踩下加速踏板，缓松离合器踏板，将叉车负荷逐渐加到发动机上，从而获得充足的起步动力。如感到动力不足，发动机将要熄火，应立即踩下离合器踏板，适当加大油门，重新起步，平稳起步后，应立即将离合器踏板完全放松。

叉车起步时，要克服车辆自身的静止惯性，需要较大的起步转矩，因此，应根据情况选用低速挡起步。正确的起步应保持车辆平稳，无冲动、抖动或熄火现象。

2. 直线前进和后倒

（1）直线前进

直线前进时要做到：目视前方，看远顾近，注意两旁，尽量在路中央行驶。由于路面凹凸不平，易使转向轮受到冲击、振动而产生偏斜，需及时修正方向；当叉车前部（驱动桥端）向左（右）偏斜时，应向右（左）转动方向盘，待叉车前部即将回到行驶路线时，再逐渐将方向盘回正。修正方向盘时，要少打少回，以免产生"画龙"现象。要细心体会方向盘的游动间隙，如叉车在道路右侧行驶时，为防止向右偏斜，方向盘应位于游动间隙的左侧。

（2）直线后倒

直线后倒用倒挡进行。要求叉车在画线范围内的中间位置从终点直线倒回起点位置，左、右轮的轨迹线应保持分别与两侧画线基本平行和等距，起步、停车平稳，车速均匀。直线后倒主要是根据目标来估计和判断车辆的正确位置。其方法是从后窗看目标（中心标杆）倒车，按从后窗看目标的倒车姿势进行操作。后倒中一旦发现目标偏移，则应在适当修正方向盘后回正，以保证直线后倒。

3. 停车

停车前，应放松加速踏板，降低车速，以转向灯警示后方来车及行人，徐徐向道路右侧或场地（仓库）停靠。踩下离合器踏板，适当地使用制动踏板，使叉车平稳地停在预定地点，并保证车身平直。拉紧手制动器操纵杆，把变速杆和换向杆移至空挡，然后放松离合器和制动踏板。将货叉降到最低位置，关闭点火开关或排气制动器使发动机熄火，最后切断电源开关。

平稳停车的关键在于根据车速的快慢、货物的质量及体积的大小，用适当、均匀的力踩下制动踏板。特别是当叉车将要停住时，适当放松一下制动踏板，再稍加压力，即可使叉车平稳停住。

五、场地综合驾驶

掌握前面几项操作后，可在场地内模仿道路驾驶情况进行训练。在比较典型的模式下，通过训练，达到提高单项操作的技术水平和综合运用各操作机构的能力的目的，为实际驾驶和作业打下良好的基础。

在较宽阔的场地或路段上，因地制宜，拟出一定的行驶路线，还可设置必要的标杆和画线，显示窄路、弯道等多种路段，然后在规定的线路上行驶。在行驶中着重练习叉车的起步，掌握变速、制动装置和方向盘的运用，能够应对行驶路线变化的情况，初步进行一些综合性操作，以取得一些实地驾驶叉车的经验和体会。

1. "8"字形行进

（1）场地设置

"8"字形行进场地设置如图 1-9 所示。其中路幅 A 为车宽加上 800 mm，大圆直径 B 为 2.5 倍车长。

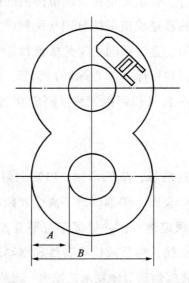

图 1-9 "8"字形行进场地设置

（2）操作要领

①车速要慢，尽量用低速挡，待操作熟练后，再适当加快车速，运用加速踏板要平稳。

②叉车前进行驶时，前内轮尽量靠内圈，随内圈变换方向，如同小转弯一样，随时修正方向。既要防止前内轮压内圈，又要防止后外轮碰外圈。

③叉车行至交叉点中心线，叉子前端刚进入半圈时，迅速向相反方向转动方向盘。转向要柔和、适当，修正方向盘要及时、少量，保持弧形前进。

④叉车后倒行驶时，后外轮尽量靠外圈，随外圈变换方向，如同大转弯一样，随时修正方向。既要防止后外轮压外圈，又要防止前内轮碰内圈。行至交叉点中心线时，迅速向相反方向转动方向盘。

"8"字形行进科目是叉车驾驶的基础练习。练习时，先用低速挡慢速行进，较熟练后可用中速挡。叉车从"8"字形顶端驶入，沿车道循回前进，要求起步、停车平稳，车速均匀，方向、路线适当，外前轮和内后轮均不得越出画线范围。练习此科目时，叉车随时都处在转弯状态，除按基本操作要求操纵方向盘外，行驶时还应使外前轮尽量靠"8"字的外圈行进，这样才能防止转弯时因内轮差造成内后轮压到或越出画线。行至交叉处时，应迅速回转方向盘，使车辆向相反方向转向，进入新方向后仍按上述要领转圈。

（3）操作要求

叉车从"8"字形顶端驶入，不得从两环交会处进入；转动方向盘要平稳、适当，修正方向要及时、均匀，不得折线行驶。

2. 侧方移位

侧方移位即在叉车不变更方向，在有限的场地内将叉车移至侧方位置，以便叉卸货物或码垛。

（1）场地设置

侧方移位场地由甲、乙两块场地组成，其设置如图1-10所示。其尺寸：位置1到位置4、位置2到位置5、位置3到位置6的距离均为两车长，位置1到位置2、位置2到位置3、位置4到位置5、位置5到位置6的距离均为车宽加上0.8 m。

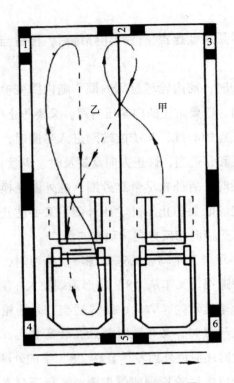

图 1－10　侧方移位场地设置

（2）操作要领

挂低速挡起步后，两眼平视目标，保持居中前进，驶入甲库。

第一次前进。叉车起步后，应向左转动方向盘，待货叉叉尖前端距标线 1 m 时，迅速向右转动方向盘，使车尾向左摆。当车头稍向右偏或叉尖距标线 0.5 m 时，迅速向左转动方向盘，至标线时立即停车脱挡。

第一次倒车。挂倒挡起步后即向左迅速转足方向，并向后观察，待车尾距后标线 1 m 时，迅速向右转动方向盘，使车尾向右摆，当车尾距后标线 0.5 m 时，迅速向左转动方向盘，将至标线时立即停车脱挡。

第二次前进。挂低速挡刚起步即向左转足方向。当看到叉车左叉尖距右侧边线距离很小时，即向右回正方向。沿此线继续前进，并尽量使叉车保持正、直方向行驶，待车前进到距前标线 0.5 m 左右时，向左回转方向，并停车脱挡。

第二次倒车。倒车起步后，在向左转动方向的同时，随即注视车后部与外标线和中心线之间的位置情况,当车尾部距后标线 1 m 左右时,稍向右回转方向,同时观察叉车位置,使其与左、右标线距离相等,如稍有偏差,应及时修正。待距后标线约 0.5 m 时,回头前看,使叉车保持正、直的位置,并停车脱挡。

(3) 操作要求

由甲库内经两进两倒将叉车移至乙库,并停放正、直,不准越出乙库画线范围。在移位过程中,叉车任何部位不得越出标线。在进、倒过程中,不得任意停车,在整个操作过程中不熄火,不得使用半联动,车停后不准转动方向盘。

3. 倒进车库

(1) 场地设置

叉车倒进车库场地设置如图 1-11 所示。其中,车库长等于车长加上 0.4 m;车库宽等于车宽加上 0.4 m;库前路宽等于 5/4 车长。

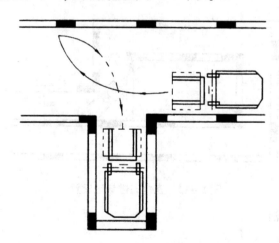

图 1-11 叉车倒进车库场地设置

(2) 操作要领

前进选位停车。叉车挂低速挡起步后,稳速前进,使叉车靠左车库一侧行驶。待方向盘与库门对齐时,迅速向右将方向盘转足,使叉车向车库前方行驶,当叉尖距车库对面路边线 1 m 左右时,迅速回转方向盘,并随即停车脱挡。

后倒入库。后倒前,先调整好驾驶姿势,选好目标,叉车起步后,向右转动方向盘,缓慢后倒,当叉车尾部进入车库时应及时向左回转方向,并前后照顾，及时修正方向，使车身倒进库内后保持正、直，回正车轮后立即停车。

(3) 操作要求

叉车一进一退倒入车库，进退过程中不得使用半联动，不得刮碰车库门，而且叉车须停在车库中间，货叉不得超出车库。

4. 直角通道驾驶

(1) 场地设置

直角通道通常用托盘或空箱体等设置成带有左、右直角转弯，直行通道和横行通道的形式，其场地设置如图 1 – 12 所示，其通道宽度为：

$$B = r_{(外,\min)} + 2S$$

式中：B——最小直角通道宽度，mm；

$r_{(外,\min)}$——叉车最小外侧转弯半径，mm；

S——叉车与货垛之间的安全距离，一般为 100～300 mm。

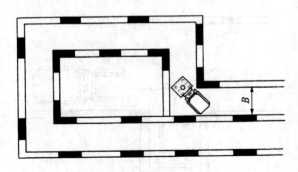

图 1 – 12 直角通道场地设置

(2) 操作要领

①前进。包括：

• 直角转弯。叉车起步后，行驶至快接近直角转弯处时，降低车速，叉车平行地靠近道路内侧行驶，车轮距道路内侧边线一定间距。当叉架与直角点对齐时，迅速向左（右）转动方向盘到极限位置。待叉尖距外边线一定距离时，赶紧回方向。车速慢，内侧距离大，早打慢转；车速快，内侧距离小，晚打快转，使车身摆正，继续前进。

• 过通道。叉车转过直角弯后，根据通道宽度和车速的快慢确定打方向的时机和多少。通道宽度小，应晚回、快回；通道宽度大，应早回、慢回。要避免回方向不足或过多，以防叉车在通道内"画龙"。

②后倒。包括：

• 直角转弯。叉车起步后，行驶至快接近直角转弯处时，降低车速，车轮距道路内侧边线一定间距。当叉车中心线与直角点对齐时，迅速向左（右）转动方向盘到极限位置。待前轮转过直角点时，赶紧回方向，使车身摆正，继续后倒。

• 过通道。当叉车转过直角弯后，根据通道宽度和车速的快慢确定打方向的时机和多少。一般车速慢且通道宽度小时，应晚回、快回；车速快且通道宽度大时，应早回、慢回，避免来回打方向。

5. 坡道起步驾驶

（1）场地设置

不同起重量叉车的爬坡能力不完全相同。载质量在 1 t 以下叉车的爬坡能力为 15%，载质量在 1 t 以上叉车的爬坡能力为 20%。现以 1 t 叉车为例设置坡道上起步驾驶场地，如图 1-13 所示。

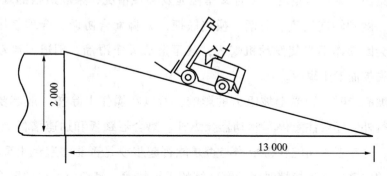

图 1-13 坡道上起步驾驶场地

（2）操作要领

叉车从起止线出发，行驶至 20% 坡度的坡道 1/2 处停车，拉紧停车制动器操纵杆，然后再起步行驶至平台后，换向倒退下坡，停入起止线内，具体操作方法如下：

①踩下离合器踏板，挂入低速挡，左手握稳方向盘，两眼注视前方，右手鸣喇叭后拉紧停车制动器操纵杆，并按下按钮，为及时放松停车制动器做

好准备。

②视坡度大小踩下加速踏板，将发动机转速提高到适当程度，同时松抬离合器踏板至半联动。此时立即松开停车制动器操纵杆，叉车即平稳起步，随后徐徐踩下加速踏板，完全放松离合器，加速行驶。

③起步时，如感到动力不足，叉车无法前进时，应立即踩下离合器踏板和制动踏板，然后拉紧停车制动器操纵杆，再放松制动踏板，重新起步。

（3）操作要求

在坡道上停车后，应拉紧停车制动器操纵杆，防止叉车下滑；挂Ⅰ挡后，注意做到停车制动器操纵杆、离合器踏板和加速踏板操纵的密切配合，松停车制动器操纵杆的时间严禁过长，一般 1~2 s 应完成放松停车制动器操纵杆的动作；一旦发生后滑现象，应立即停车，重新起步。严禁猛然开始向前起步，以免损坏机件。

叉车在坡道上行驶时，由于存在着上坡阻力或下坡阻力，对车辆行驶有很大影响。因此必须掌握其特点，要根据坡度的大小、坡道的长短、弯道的缓急、路面的宽窄等情况，结合叉车性能及装载情况，采取适当的驾驶、操作方法，做到转向适度、灵活，换挡敏捷，手脚配合协调，合理使用制动，否则，会因操作不当使发动机熄火，甚至造成叉车滑溜、倒退或制动失灵，使车辆失控而发生事故。

上坡起步时，因受上坡阻力的影响，所以在操作上除按一般起步要领、程序进行外，还要注意停车制动器操纵杆、离合器踏板和加速踏板操纵的密切配合，这三者之间配合得恰当与否是能否起步或是否能够避免出现车辆后溜现象的关键。上坡换挡时必须有熟练的操纵技术、密切而协调的配合动作，才不至于发生车辆停顿、变速齿轮碰撞甚至换不进挡位的现象。上坡行驶时，在保证车辆有足够牵引力的情况下，应尽可能用较高的挡位，但不得以高速挡勉强行驶。

下坡起步一般可按平道起步的方法和要领操作，即先松停车制动器操纵杆，待车开始溜动时再缓抬离合器踏板，一经联动即可视实际情况换至高挡位行驶，下坡一般不要使用高速挡起步，以免因配合不当造成机件损坏。一般下坡行驶时可挂高速挡，并适当使用停车制动器操纵杆控制好车速。

上坡停车时应选好停车地点,并逐渐将车靠向道路右侧,待接近预定地点时,可先踩下离合器踏板,当车要停住时再踩下脚制动踏板将车停稳。下坡停车也应事先选好停车地点,并逐渐加强制动,平稳减速,同时将车逐渐靠向右侧。待接近预定地点,车速已降低到很慢时,再在进一步踩下脚制动踏板的同时踩下离合器踏板,将车停稳。坡道停车熄火后,必须按停车要求,上坡挂上Ⅰ挡,下坡挂上倒挡,并拉紧停车制动器操纵杆,还应在后轮下方垫上三角木或较大的石块,以保证安全。

6. 曲线进、倒

曲线进、倒科目可提高驾驶员在叉车转弯时对前、后轮位置的正确判断能力,并根据内轮差的大小掌握打回方向的时机和方法。曲线前行、倒车场地设置如图1-14所示。

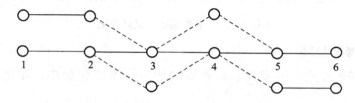

图1-14 曲线前行、倒车场地设置

(1) 具体要求

可将1~6个标杆放在一条直线上,标杆间隔距离均为两个车长,桩宽为车宽加上0.60~0.80 m,桩宽可先大后小,根据训练进度调节。

(2) 练习的要领

车速要缓慢平稳,车头靠外杆前进,待驾驶室与标杆相平时,向内杆一侧先慢、后快地转动方向盘,此时可回视后方,为避免刮碰标杆,应稍停转或回转方向;车辆驶出两杆后,当车头对直前外杆时逐渐回转方向,使车头靠外杆一侧穿过,为使后轮不碰、压内杆,要向外杆一侧稍回转方向;倒车时,要正确判断方向,选好目标,防止外侧触碰标杆。

7. 场(厂)内专用机动车辆司机实际操作技能

场地综合练习考核司机的车辆起步、前进、倒车、转向、停车、作业等基本操作的熟练程度,并观察其判断和控制能力。练习采用单独驾驶的方式,按照所练车型规定的线路,完成规定的项目。

(1) 考试线路图

叉车场地考试线路如图 1-15 所示。

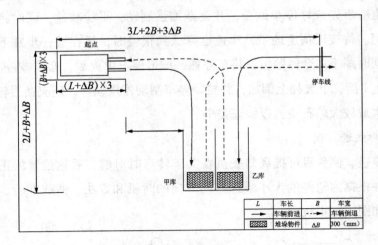

图 1-15 叉车场地考试线路图

(2) 考试流程

司机按顺序完成甲库到乙库货物的搬运练习流程动作，即完成该项目练习。

六、换挡、转向和制动的训练

1. 机械传动叉车的换挡

叉车一般有 2~3 个挡位，Ⅰ挡为低速挡，Ⅱ、Ⅲ挡为高速挡。低速挡的特点是行驶速度慢，使驱动轮获得较大的转矩，增大了牵引力。因此，它适用于起步、爬坡、通过困难路段、急转弯、取货和卸货等场合。但低速挡车速慢，发动机温度容易升高，燃油消耗量大，故行驶距离不宜过长。高速挡行驶速度快、牵引力小、发动机转速低、燃油消耗量低，适用于较好的路况及较长距离的行驶。

由低速挡换入高速挡的过程称为加挡，由高速挡换入低速挡的过程称为减挡。这是两种不同的操纵程序，操作方法也有区别。

(1) 加挡

叉车起步后，只要场地宽阔、运行距离长、所搬运货物牢固可靠，就要平稳地踩下加速踏板,逐渐提高车速。当车速适合换入高一级挡位时,立即抬起加速踏板,同时迅速踏下离合器踏板,将变速杆移入空挡位置,随即迅速抬起离合器踏板并立即踩下,同时迅速将变速杆由空挡换入高一级挡位。接着边松抬离合器踏板,边徐徐踩下加速踏板,待需加速至更高一级挡位的车速时,可按上述操作方法换入更高挡位。

低速挡换入高速挡是通过发动机声音、转速的变化和叉车动力的大小掌握换挡时机的。如踩下加速踏板,发现发动机动力过大,发动机转速一直上升时,说明可以换入高一级挡位;如果换入新的挡位后,踩下加速踏板时,叉车的速度仍然上升,发动机转速不高,无动力不足的感觉,说明就是合适的换挡时机;如果换入高一级挡位后,踏下加速踏板时,发现发动机转速下降,说明加挡时机过早。

(2) 减挡

叉车在行驶中遇到阻力较大的路段或上坡时,车速逐渐降低,发动机动力不足,不能继续使用高速挡行驶;在接近货垛,进入库房前,应降低车速,从高速挡换入低速挡。减挡时,首先抬起加速踏板,同时迅速踩下离合器踏板,将变速杆移入空挡位置。接着抬起离合器踏板,并迅速点踩一下加速踏板,随即迅速踩下离合器踏板,将变速杆换入低一级挡位。然后一边松抬离合器踏板,一边踩下加速踏板,使叉车继续行驶。

减挡的关键在于加空油要适当。加空油的多少应根据车速、挡位的高低灵活掌握。挡位越低,空油加得越大;车速快,空油要适当加大;车速慢,空油则适当小些。这样才能保证减挡时变速器齿轮不会产生撞击声。

2. 液力传动叉车的换挡

液力传动叉车变速箱一般有 2～3 个前进挡、1～2 个后倒挡。它通过换挡手柄操纵阀杆及连杆使操纵阀动作,使压力油进入变速器换挡离合器油缸,推动活塞,压紧内、外摩擦片,实现叉车的前进、后倒或换挡。

(1) 加挡

叉车起步后,只要道路情况允许,就要平稳地踩下加速踏板,逐渐提高车速,当车速适合换入高一级挡位时,立即抬起加速踏板,迅速将变速手柄扳到高一级挡位,接着徐徐地踩下加速踏板,使叉车继续前进或后倒。

(2) 减挡

叉车在通过困难路段、接近货垛、到达库房前，需从高速挡换入低速挡。首先抬起加速踏板，将变速手柄从高一级挡位扳到低一级挡位，然后踩下加速踏板，使叉车继续行驶。

液力叉车在挂挡时，必须注意挂挡压力表的指示压力，挂挡压力过高或过低均会影响系统部件的性能和使用寿命。因此，当指示压力不在规定范围内时，应查明原因，排除故障后方能继续使用。

3. 转向

叉车在弯道上行驶时，由于弯道视线相对不良，再加上驾驶员有时需要进行换挡操作，或驾驶员未集中注意力在转向上，所以比在直路上容易发生碰撞的危险。这时必须做到"减速、鸣号、靠右行"：减速可以防止因离心力过大而使车辆失稳、失控；鸣号可在车辆来到转弯处时提前告诉对向车辆和行人，以引起对方注意并及时避让；靠右行即各走自己的路线，交会时能够避免相撞。在平路上视线清楚，对面又无来车的情况下，左转弯时可适当偏左侧行驶；右转弯时要待车驶入弯道后再把车完全驶向右边，不宜过早靠右。转弯时要根据路面的宽窄、弯度大小等情况确定合适的转向时机、转弯车速。

(1) 转弯要领

叉车转弯要做到平稳、安全，必须根据路面宽度、车速高低、弯道缓急等条件确定转向时机和转动方向盘的速度。一般操作要领是：根据道路弯度、应转方向和车速，一手转动快速手柄，一手辅助推送，相互配合、快慢适当。弯缓应早转、慢打、少打、少回；弯急应快速转动方向盘。待叉车将要驶离弯道，车头接近新方向时，再以较快的速度回转方向盘，使转向轮迅速回正。

(2) 转弯注意事项

叉车行驶至弯道时，应降低车速，发出转弯信号，靠道路一侧徐徐前进，并做好制动准备，做到既安全又平稳地通过。转弯时车速要慢，操纵方向盘不能过急，以免离心力过大造成横滑和倾翻。叉车转弯时，应尽量避免使用制动，尤其是紧急制动。叉车前进向左（右）转向时，车辆要靠道路（通道）左（右）侧行驶，按照转弯要领转动方向盘，以免叉车尾部碰撞其他障碍物；叉车倒退向左（右）转向时，车辆要靠道路右（左）侧行驶，使叉车安全平稳地转弯。

4. 制动

叉车的制动是通过操纵制动装置来实现的。制动操作正确和适当是行驶和作业安全的重要条件，是节约燃油和减少轮胎磨损的重要环节。正确地运用制动能使叉车在最短距离内安全地停住，而又不损坏机件。常见的制动方法有预见性制动和紧急制动两种。

(1) 预见性制动

驾驶员在驾驶叉车行驶中，对已发现的行人、车辆等交通情况的变化，或将要接近货垛、库房时，要提前做好思想和技术上的准备，有目的地采取减速或停车的措施，称为预见性制动。它是一种最好的和应当经常采用的制动方法。

预见性制动的操纵方法有：

①减速。发现情况后，先放松加速踏板，利用发动机怠速汽缸压缩时的反作用力降低车速，并根据情况持续或间断地踩下制动踏板，使叉车进一步降低速度。

②停车。当叉车在速度已降低到很慢时，即踩下离合器踏板，同时轻踩制动踏板，使叉车平稳地停住。

(2) 紧急制动

叉车在行驶和作业时，遇到危险及紧急情况时，驾驶员迅速地使用制动器，在最短距离内将车停住，达到避免事故发生和防止货物损伤的目的，称为紧急制动。

紧急制动对叉车的机件和轮胎都会造成较大的损伤，特别是当叉车在搬运货物过程中，易造成货物的损坏，甚至使叉车向前倾翻，并且往往由于左、右车轮制动力不一致，或左、右车轮与路面的附着系数有差异，以致造成叉车"跑偏"、"侧滑"，使其失去方向控制，因此，紧急制动只有在不得已的情况下方可使用。

紧急制动的操纵方法：握稳方向盘，迅速放松加速踏板，并立即用力踩下制动踏板，同时拉紧手制动器操纵杆，充分发挥车辆的最大制动能力，使叉车立即停住。

叉车作业时，特别在进叉取货或卸货时，要求叉车的速度越小越好。因此，在进入货垛前，驾驶员应根据货物的体积大小、货垛距离的宽窄、环境条件等选择适当的速度。为使叉车发动机不熄火，驾驶员应当先抬起加速踏板，踩下离合器踏板使叉车滑行，当货叉接近货位时，轻踩制动踏板，使叉车平稳地停在货垛前，然后按照叉、卸货的动作进行作业。

5. 会车、超车和让超车

两车交会时应本着互相礼让的精神，做到"礼让三先"即先让、先慢、先停，适当减速，选择较宽且坚实的路面，靠路右侧鸣号、缓行，交会通过。如遇较窄或路面复杂的路段，应随时准备停车避让。会车时要注意保持足够的侧向间距，在视线不清、交通复杂路段要适当加大安全间距，主动让路，还要注意对面车辆的后边可能有行人或自行车突然横穿。

车辆超越前方同向行驶的车辆称为超车。超车的方法不当或强行超越时容易发生事故。因此，超车要注意选择路面宽、直，视线良好，路侧左右均无障碍，对面无来车的地点进行。叉车在厂区内行驶，有如下情况时不准超车：风沙、雨雪、有雾等天气；灰尘飞扬的环境；视线不清、能见度低、视距过小；道路条件差或通过复杂路段；车间、库房等严禁超车处。总之，车辆超车是比较复杂和危险的行车过程，因此必须具备一定条件。为保证安全行车，车辆运行合理、畅通，最大限度地使用道路，驾驶员超车时必须严格遵守有关超车的规定并执行安全超车的程序，否则即为违章超车。

让车时应严格遵守交通规则中关于让车的规定，在行驶中应注意有无车辆尾随，发现有车欲超越时应视道路和交通情况减速靠右避让，不得占道不减速或故意不让。

练习题与实训项目

一、问答题

1. 叉车的基本类型有哪些？
2. 叉车主要部件的名称及作用是什么？
3. 如何使用叉车的操纵装置？
4. 叉车的指示仪表和开关各有哪些？
5. 叉车的启动、升温、停熄、起步、转向、掉头、倒车的操纵方法和要领有哪些？
6. 叉车在复杂路面条件下的驾驶方法和注意事项有哪些？
7. 叉车在坡路、弯道上如何驾驶？应注意哪些事项？

二、实训项目

1. 场地驾驶：120 m 直线、加挡、减挡、定点停车。
2. "8"字形场地驾驶。
3. 坡路起步、原地掉头。
4. 侧方移位、直线倒车入库。
5. 上、下坡驾驶。
6. 视野盲区驾驶。
7. 会车、超车与让车。
8. 弯道、狭路的驾驶。
9. 叉车在车间库房内的驾驶。

第二单元
叉车叉卸货物

模块三 叉车属具

一、叉车属具的种类

叉车属具种类繁多。一般以属具的运动形式不同分为：固定式——串杆、起重臂；横向移动式——平抱夹、侧移器；纵向移动式——推出器、前移叉；旋转式——旋转抱夹；垂直移动式——三级门架、倾斜货叉、铲斗。在实际作业中，常用的有用于纸卷作业的纸卷夹，用于软包作业的软包夹，用于单元纸箱货物作业的纸箱夹，用于各种软、硬包装纸箱作业的多用刚臂夹，满足侧移对位的侧移叉，可旋转作业的旋转器，通过压板固定货物进行搬运的载荷稳定器等。叉车属具之所以成为一种高效多能的搬运工具，是其顺应了物料搬运领域要求的搬运机械专业化、灵活机动性、最大限度地减少货物破损、节约货物存储空间等的发展需要。

常见叉车属具的种类如图 2-1 所示。

货叉（见图 2-2）是叉车最简单、最常用的基本属具，也称取物装置，一般用碳素钢或合金钢制造。根据连接的形式不同，分为挂钩型和铰接型两种。货叉通常都做成整体式结构，起重量较小的叉车也有做成折叠式的，使叉车空车时总长尺寸减小，便于运行。货叉体的垂直段和水平段之间应保持直角，在实际使用中，由于货叉承载、碰撞、挑货的原因，常使货叉变形。如果货叉叉尖直角变形达到1°，应当采取措施以防止货物从货叉上滑出。

图 2-1　叉车属具的种类

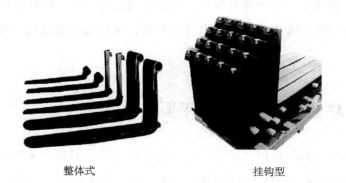

图 2-2　货叉

货叉的外形是一个 L 形杆件，分为水平段和垂直段两部分，垂直段用来与叉架相连，水平段用来叉取货物。货叉的水平段和垂直段做成整体时，称为整体式货叉。有的小吨位叉车货叉的水平段和垂直段分别制成，再用销轴连接起来，其水平段既可平置，又可以向上折叠起来与垂直段靠拢，称为折叠式货叉。折叠式货叉使叉车在空车时总长度小，便于运输，但制造比较麻烦，一般用的都是整体式货叉。一般叉车都装有两个同样的货叉，它是直接承载货物的构件，货叉装在叉架上，两货叉的间距可根据作业需要进行调整。在叉车叉取货物时，货叉的水平段用来插入货物或托盘的底部，叉起后用来承载货物，因此货叉水平段的上表面必须水平，水平段前端的下表面略有斜度，叉尖处厚度较薄，前端逐渐变窄，叉尖两侧带有圆弧，这样有利于使货叉插入货物底部，以便叉取货物。

挂钩型货叉垂直段背部的上、下各有一个钩，钩在叉架的上、下水平横梁上。制造挂钩型货叉时先锻造出上条坯，经镦粗、锻弯成L形，再焊接上、下两个钩，最后进行热处理。这种货叉制造较容易，也便于安装和拆卸，适用于中、小吨位的叉车。为了在叉架上定位货叉，在上部挂钩上设置有定位销——插入叉架上横梁的凹槽中，以防止货叉任意移动。调节时，往上提起定位销，克服弹簧力，使销轴脱离叉架上横梁的凹槽，便可移动货叉，改变间距。

铰接型货叉垂直段的上端较厚，中心为销轴孔，货叉通过此孔安装在叉架的支撑光轴上，并可绕轴转动。在重力作用下，货叉垂直段下部的背面靠在滑架的下横梁上。这种货叉安装、拆卸不太方便，中、小吨位的叉车用得较少，主要用在大吨位叉车上，当货叉需要在叉架轴上移动时，常使用液压缸推动。

二、常见叉车属具的使用要求和用途

常见叉车属具的使用要求是：经常使用的叉车属具要拆装方便，简单实用。常见的叉车属具通常有几十种之多，功能各有不同，其各自的适用范围是：

①通用夹类型属具，如软包夹、多用刚臂夹、叉夹、桶夹、两用叉夹、无臂夹、旋转类夹等适用于各行业；

②带托盘货物作业类属具，如侧移叉、双侧移叉、调距叉、单双托盘叉、

载荷稳定器等多用于仓储、纸制品、包装、港口、钢铁、饮料等行业；

③无托盘货物作业类属具，如推拉器、纸箱夹等多用于仓储、港口、饮料、家电、化工等行业；

④纸卷夹多用于仓储、港口、纸制品、包装、烟草等行业；

⑤其他产品如液压供油组件、两用叉夹等用于各相关行业。

模块四　叉车叉卸货物操作

叉车作业时，主要完成叉取货物、途中运输和卸货物到目的地等工作。下面介绍叉车的叉卸货物操作。

一、货物的叉取和卸放

1. 叉车叉取货物

叉车叉取货物的过程可以概括为以下八个动作：

（1）驶近货垛

叉车起步后，根据货垛位置驾驶叉车行驶至货垛前面停稳。

（2）垂直门架

叉车停稳后，将变速杆放入空挡，将倾斜操纵杆向前推，使门架复原至垂直位置。

（3）调整叉高

向后拉升降操纵杆，提升货叉，使货叉的叉尖对准货物下方间隙或托盘叉孔。

（4）进叉取货

将变速杆挂入前进Ⅰ挡，叉车向前缓慢行驶，使货叉插入货物下间隙或托盘叉孔，当叉壁接触货物时，将叉车制动。

（5）微提货叉

向后拉升降操纵杆，使货叉上升到叉车可以离开并运行的高度。

（6）后倾门架

向后拉倾斜操纵杆，使门架后倾至极限位置。

（7）退出货位

将变速杆挂入后倒 I 挡，缓解制动，叉车后退到货物可以落下的位置。

（8）调整叉高

向前推升降操纵杆，放下货叉至距地面 200～300 mm 的高度，向后启动，驶向放货地点。

操作要求：不管是倾斜门架还是调整叉高，均要求动作连续，一次到位，切勿反复调整，以提高作业效率。进叉取货时，可通过离合器控制进叉速度。当货叉完全进入货物下方间隙或托盘叉孔后，停车制动，将变速杆放到空挡，然后完成其他动作。叉车载货行驶时，门架一般应处于后倾位置。当叉取特殊货物门架不能后倾时，也应使门架处于垂直位置，否则，应采取捆绑等措施，绝不允许重载叉车在门架前倾状态下行驶。

2. 叉车卸下货物

叉车卸下货物的过程可概括成以下八个动作：

（1）驶近货位

叉车驶向卸货地点停稳，做好卸货准备。

（2）调整叉高

向后拉升降操纵杆，货叉起升对准放货所必需的高度。

（3）进车对位

将变速杆置于前进挡，叉车缓慢前进，使货叉位于待放货物（托盘）处的上方，停车制动。

（4）垂直门架

向前推倾斜操纵杆，门架前倾，恢复至垂直位置，有坡度时，允许门架前倾。

（5）落叉卸货

向前推升降操纵杆，使货叉缓慢下降，将货物（托盘）平稳地放在货垛上，然后使货叉稍微离开货物底部。

（6）退车抽叉 将变速杆置于后倒挡，缓解制动，叉车后退至能将货叉落下的距离。

(7) 后倾门架

向后拉倾斜操纵杆，门架后倾至极限位置。

(8) 调整叉高

向前推升降操纵杆，放下货叉至距地面 200~300 mm 处，叉车离开，驶向取货地点，开始下一轮的取、放货作业。

操作要求：操作操纵杆时，动作要柔和，速度要适当，严禁突然起升或下降货叉，以免货物散落、损坏或伤人。对准货位时，在货叉与货位之间应留有适当距离，用以微调叉车，使其对正货位，严禁打死方向。垂直门架的操纵一定要在对准货位以后进行，保证叉车在门架后倾状态下移动。落叉卸货后，抽出货叉时货叉高度要适当，严禁拖拉、刮碰货物。叉取托盘时，货叉应对准托盘的插入孔，水平插入，尽量避免碰撞。

二、叉车装卸、堆垛操作技术要点

叉车的最大起重量是指货物重心与载荷中心处于同一铅垂线时，叉车所能装卸货物的最大质量。载荷中心是指货物重心到货叉垂直段前壁的水平距离。一般情况下，叉车的载荷中心为 400~600 mm。当货物重心在载荷中心范围内时，叉车能按额定起重量进行正常的装卸作业。当货物重心超出载荷中心范围时，即有可能破坏叉车的纵向稳定性，使叉车不能按额定起重量进行装卸作业，并有可能发生事故。为此，驾驶员必须按所驾驶叉车的使用说明书要求的载荷中心装载。若其货物重心超出载荷中心范围，应相应减少一定的装载量，以确保驾驶、操作安全。

叉车常在车间、货场或仓库内做短距离的往返搬运作业，而这些场所的道路都比较狭窄、弯曲，在窄路上车辆侧向空间很小，货物超宽会影响叉车的通过能力，并增加了叉车与其他物体撞擦、碰剐的机会，从而发生事故。所以叉车运行中必须与左右两侧的障碍物保持一定的最小侧向安全间距，才能不发生碰剐。车速越快，车的稳定性越差，摆动幅度也越大，对最小侧向安全间距的要求也越大，叉车至障碍物的最短距离也应加大。当在弯曲道路上行驶时，车辆会处于离心趋势，其趋势大小与车速成正比，当其达到一定限度时，就容易使叉车发生横向倾覆。因此，转弯时车速一定要慢。另外，叉取货物是靠其属具来支撑或夹取的，不予捆扎，往往靠货物的自重定位。此时如果车速过快，车的稳定性变差，摆动幅度大，货物的稳定性差，容易发生货物倾覆的事故。

  叉车的发动机一般纵向安装在叉车的后部，且平衡重式叉车的尾部都装有平衡重块。因此，在空载情况下叉车的纵向稳定性好。但装载后，由于载荷重心位于车轮支撑轮廓之外，纵向倾覆的可能性变大。叉车在实际作业中，使用不同的叉车属具和操作方法，其纵向稳定性也不同，当起重门架前倾且货物上升到叉车的最大起升高度时，叉车的纵向稳定性大幅下降，此时叉车最可能发生纵向倾覆。叉车在斜坡上急转弯时，若货物举升过高，车速过快，在离心力作用下很可能发生横向倾覆。叉车行驶的稳定性是安全操作中一个至关重要的问题，因此，在实际工作中除必须尽量降低转弯时的车速之外，还需尽可能选择坡道平缓、转弯半径大的路线行驶，且适当降低货物重心，以提高叉车的稳定性。在驾驶作业时，应严格按照操作规程和安全规程操作，正确处理作业中的各种情况，以确保叉车的作业安全。

  熟悉叉车的作业情况、作业范围对于正确地选用叉车是有所帮助的。叉车相对于其他装卸、搬运设备，如桥式起重机和龙门起重机等来说，具有外形尺寸小、能自行装卸、带载运行、运行通道小、回转空间小等特点。实际作业时叉车还能减少装卸人员 1~2 人，装卸、搬运时装卸人员不直接接触货物，从能直接装卸的角度看，安全性较高。由于叉车能自行完成装卸、运行、堆垛作业，所以装卸搬运效率较高，装卸量也大，而且作业时装卸、搬运占地面积小，库房面积的利用率高，同时，叉车最大的特点是能与其他装卸、搬运机械配合作业，所以使用叉车能跨越车间厂房进行装卸、搬运、堆垛工作，特别是能在作业流水线上使用叉车进行定量、定时的装卸、搬运工作，这一点是其他装卸、搬运机械所不能相比的。

  使用叉车进行装卸、搬运作业时存在的局限性和缺点是：当装卸货物的距离太长或搬运距离超过 150 m 时，显然是不经济的；门架会发出抖动声，对运行线路的路面的平整有一定要求。

选用叉车时应考虑运行通道和路面要求，平路面或无法避免炉渣、废金属存在的路面宜使用实心轮胎的叉车；路面不平整应选用充气轮胎的叉车；在堆垛作业或需有效利用货场、仓库空间的场合时，宜选用大起升高度的高门架或多级门架的叉车；在低门框或低空间高度的库内作业或进入集装箱内作业时，可选用低门架（低起升高度）叉车或带全自由起升货叉的叉车进行作业。

叉车作业时，在规定的载荷中心，货叉最大负载不得超过额定起重量。若货物重心改变，如货物中心升高时，其装载量应相应减少。根据货物大小调整叉间距离，使货物质量均匀地分配在两叉之间。不得用货叉来拔起埋入物，必要时应先计算拔取力。货叉插入货堆时，货叉架应前倾；货物装入货叉后，货叉架应后倾，使货物紧靠叉壁，然后才允许行驶。货叉前、后倾斜至极限位置或升至最大高度时，必须迅速地将操纵手柄置于中间静止位置，在操纵一个手柄时，注意不能使另一个手柄移动。升降货叉架时，一般应在垂直位置进行。装卸货物时，必须使用手制动器，使叉车稳定。叉架下严禁站人，更不得用货叉带人起升。货物升降时，一般应在门架垂直位置时进行；货物起升、降落时速度不能过快。载货运行时，货叉应离地面 300 mm 左右，非紧急情况不得紧急制动和急转弯。载货叉车不得在大坡度路面上长时间停车，也不允许快速下行，必要时应倒退下行。搬运大体积货物时，如果货物挡住驾驶员视线，叉车应低速倒退行驶。严禁停车后让发动机空转而无人看管，更不允许当货物吊在空中时驾驶员离开驾驶位置。叉车中途停车、发动机空转时，应后倾并收回门架，当发动机停转后应使滑架下落，并前倾使货叉着地。在作业过程中，若发现可疑的噪声或不正常的现象，必须迅速停车检查，及时采取措施加以排除，不得让叉车"带病"作业。

叉车停车后应拉紧手制动器操纵杆，将换挡杆置于空挡，发动机熄火之前需怠速运转 2~3 min。外界处于低温环境时应放掉发动机冷却水，应及时检查各部件的紧固情况，清洗车内及车外的污物，排除漏油、漏水现象。

练习题与实训项目

一、问答题

1. 货物叉取、卸放的操作方法和注意事项有哪些？
2. 正确选择叉车属具及使用的方法是什么？

二、实训项目

1. 货物的叉取、卸放。
2. 叉车货物的装卸、堆垛。
3. 叉车属具的正确使用。

第三单元
叉车维护与故障排除

叉车在行驶作业中，由于车辆内部机构的变化和受到外界各种运行条件的影响，其机构、零件必然逐渐产生不同程度的松动、磨损、机械损伤、变形及积污垢等现象，甚至会损坏或断裂，从而出现故障或事故。为预防和消除叉车的故障，保持其技术状态的完好，提高叉车的完好率和运用效率，延长叉车的使用寿命，对叉车进行定期维护和计划修理是必要的。做好叉车的维护、检修工作是保证叉车技术状态良好、完成装卸运输任务的关键所在。

模块五　叉车的维护

一、叉车维护的目的、基本原则及基本要求

1. 叉车维护的目的

叉车在运行过程中，由于受外界运行条件的影响，叉车各部件发生摩擦、振动、冲击以及承受自然因素的侵蚀，致使叉车的技术状况逐渐变坏，造成叉车动力性能下降、经济性能变差、安全性能和可靠性能降低，甚至引发事故。因此，为保证叉车在使用中有良好的技术状况和较长的使用寿命，应建立叉车的计划预防维护制度，以保持车辆外观整洁，降低零部件的磨损速度，防止不应有的损坏，主动查出事故隐患并及时予以消除。根据叉车零部件磨损的客观规律，制订出切实可行的计划，定期进行维护作业。叉车维护的目的主要是：

①使叉车经常处于完好状态，随时可以出车，提高车辆完好率。

②在合理使用的条件下，不致因中途损坏而停歇，不致因机件损坏而影

响行车安全。

③结合定期检测，确保维护作业和小修作业，最大限度地延长整车和各总成的大修间隔里程。

④在运行中降低燃料、润滑材料、零部件以及轮胎的消耗。

⑤减少叉车噪声和尾气对环境的污染。

⑥保持车容整洁，及时发现并消除故障隐患，防止叉车早期损坏。

2. 叉车维护的基本原则

①叉车维护的原则是"预防为主、强制维护"。

②严格执行技术工艺标准，加强技术检验，实现检测仪表化。

③叉车维护作业包括清洁、补给、检查、润滑、紧固和调整等。除主要总成发生故障必须解体时，一般不得对其解体。

④叉车维护作业应严密作业组织，严格遵守操作规程，广泛采用新技术、新材料、新工艺，及时修复或更换零部件，改善配合状态并延长机件的使用寿命。

⑤在叉车全部维护工作中，要加强科学管理，建立和健全叉车维护的原始记录和统计制度，由专人负责，随时掌握叉车的技术状态。通过对原始记录和统计资料进行经常性地分析，总结经验，发现问题，改进维护工作，不断提高叉车维护质量。

3. 叉车维护的基本要求

①要严格遵守维护作业的操纵规程，做到安全生产。

②要正确使用工具、量具及维护设备。拆装螺栓、螺母时应尽量使用套筒、呆扳手和梅花扳手，扳手的尺寸与螺母、螺栓的规格一致，不应过大；使用活动扳手的方法应正确，不允许用活动扳手代替锤子敲打；不允许用钳子代替扳手拆装螺母、螺栓；不允许用旋具代替錾子或撬杠使用。

③主要零件的螺纹部分如有变形或拉长则不可使用。

④拆装机件时，应避免其工作表面受损伤。应尽量使用拉、压工具或专用工具进行机件的拆装。禁止使用锤子或冲头直接锤击工作表面，必须锤击时可用木质或橡胶锤子或软金属棒敲击。

⑤对于一些要求保持原配合或运动状态的部位，在分解时应做好记号，以便按原位装复。

⑥拆装轴承应使用专用工具。

⑦所有使用的量具和仪表都必须经定期检验合格,以保持其精度和灵敏度。

⑧在装配前应仔细检查零部件的工作表面,如有碰伤、划痕、突出物、麻点等应修整后才能装配。

⑨全部润滑油嘴、油杯等应齐全、有效,所有润滑部位都应按要求加注润滑油。

二、叉车的整车维护

1. 润滑剂的功用及种类

润滑剂对相互摩擦的运动机件具有减磨、降温、清洁、除锈和吸振等作用。叉车上的润滑一般有压力润滑、飞溅润滑和油浴润滑等形式。由于润滑直接影响机件的磨损,所以必须正确选用润滑剂。这也是叉车日常维护中的一项重要内容。

(1) 发动机用润滑机油的合理选用

发动机用润滑机油品种很多,使用时要根据机型和季节的变化来选用。选用指标是机油黏度,它随温度变化而变化。一般来说,温度高则黏度小,温度低则黏度大。冬季使用的机油应选用黏度小的机油,而夏季使用的机油应选用黏度大的机油。

传动用润滑油一般可分为齿轮油和双曲线齿轮油两种。齿轮油常用于变速器、差速器等总成。齿轮油分为车辆齿轮油和工业齿轮油。其中车辆齿轮油分为普通车辆齿轮油和重负荷车辆齿轮油。根据《SAEJ 306—1991 驱动桥和手动变速器润滑油黏度》的规定,普通车辆齿轮油按黏度分为 80 W/90、85/90 和 90 等 3 个牌号;重负荷车辆齿轮油按黏度分为 75 W、80 W/90、85 W/90、85 W/140、90 和 140 等 6 个牌号。工业齿轮油分为普通开式齿轮油和工业闭式齿轮油。普通开式齿轮油按黏度分为 68、100、150、220、320 等 5 个牌号。工业闭式齿轮油按品种分为 L~CKB、L~CKC 和 L~CKD;按黏度分为 68、100、150、220、320、460 和 680 等 7 个牌号。齿轮油是根据地区、季节的气温和齿轮型等选用的。气温低宜用黏度小的牌号，反之则选用黏度大的牌号。

润滑脂适用于低速、高载和高温、工作环境潮湿、密封条件差的摩擦机件，其主要质量指标是滴点和针入度。润滑脂按针入度大小编号，号数大表示针入度低、较稠。选用时，冬季宜用号数小的润滑脂；速度低、负载大的机件应选用号数大的润滑脂。

（2）叉车驱动桥齿轮油的合理选用

①齿轮油的选用。

• 黏度等级的选择。工业齿轮油的黏度分类是按国家标准《GB/T 3141—1994工业液体润滑剂ISO黏度分类》执行的，由齿轮节线速度、齿轮材质及表面应力大小确定。

• 质量级别的选择。主要根据齿面接触应力确定质量级别，一般来说，质量等级应该就高不就低，高档油可用于低档场合，反之则不宜。

• 叉车驱动桥所用的齿轮油。进口叉车都使用美孚车用齿轮油，该油符合美国石油协会（API）品质分类 GL—4 等级要求，是一种多用途的齿轮油，具有良好的防腐蚀及防锈能力，适用于双曲线齿轮。国产叉车都使用220号的中负荷齿轮油，该油是在抗氧防锈工业齿轮油的基础上提高了挤压抗磨性，适用于中等负荷运转的齿轮。

②使用齿轮油的注意事项。

• 注意防止混入水分及杂质。

• 根据环境温度选择适当黏度等级的油品，确保高、低温工作条件下的润滑要求。

• 在使用中应经常检查油量的多少。油量过多则会导致内压高而漏油，使得半轴油封损坏，制动失效；油量过少则使齿轮、轴承润滑不良，机件磨损加剧。

• 要适时检查齿轮油的性能指标和污染情况，如超标则要更换。换油时应将齿轮箱清洗干净再注入新油，加油量要适当。

图 3-1 所示为叉车的润滑系统，图 3-2 所示为 BJCPQ10 型叉车整车润滑点及间隔时间，SHCPQ10 型叉车润滑点见表 3-1。

第三单元 叉车维护与故障排除 | 047

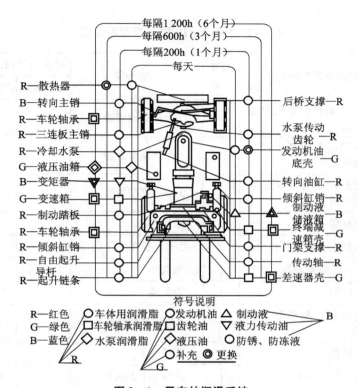

图 3-1 叉车的润滑系统

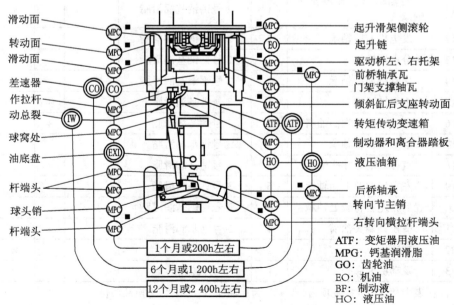

图 3-2 BJCPQ 型叉车整车润滑点及间隔时间

表 3-1　SHCPQ10 型叉车润滑点表

序号	润滑点零部件名称	润滑点数	油液种类	检查与加油期限（h）		
				每日检查	120	180
1	内门架和滑架侧推滚轮内孔	10	3号钙基润滑脂			+
2	内门架和滑架大滚轮处轴承	10	3号钙基润滑脂			+
3	起升油缸与车轮处轴承驱动桥	2	3号钙基润滑脂			+
4	驱动桥	1	齿轮油			×
5	前轮左右轮毂处轴承	2	2号钙钠基润滑脂			+
6	制动总泵储油罐	1	制动液	O		
7	转向器	1	齿轮油			×
8	离合器、制动器踏板转轴	2	3号钙基润滑脂		+	
9	变速器	1	齿轮油			×
10	离合器分离轴承	1	HU-30机械油1~3滴		+	
11	曲轴输出变速器出入轴承	1	2号钙钠基润滑脂			+
12	发电机前后轴承	2	2号钙钠基润滑脂			+
13	分电器转轴	1	2号钙钠基润滑脂			+
14	启动机前后轴承	2	2号钙钠基润滑脂			+
15	水泵轴油嘴	1	3号钙基润滑脂		+	+
16	摆动轴前后端面油嘴	2	3号钙基润滑脂		+	
17	扇形板转轴轴承	1	3号钙基润滑脂			+
18	直拉杆前后端头油嘴	2	3号钙基润滑脂		+	
19	左右转向节上销轴承	6	3号钙基润滑脂			+
20	后轮左右轮毂处轴承	2	2号钙钠基润滑脂			
21	横拉杆端头油嘴	4	3号钙基润滑脂		+	
22	减速度	1	齿轮器			×
23	发动机油底壳	1	发动机机油	O		×

注：表中"O"为检查项目，"+"为加油项目，"×"为换油项目。

③齿轮油性能指标及污染物的测定。

• 含水量的测定。可采用定性分析和定量分析相结合的方法，通常用百分数来表示。含水量超过 0.2% 时要更换新油。

• 黏度的测定。检测油液的运动黏度，当黏度变化率超过新油黏度的 ±10% 时要考虑更换新油，并要查明黏度变化的原因。

• 固体颗粒及污染物的测定。可采用光谱分析法和铁谱分析法来测定油液中的固体颗粒和污染物的成分及含量。当铁谱分析中的钢、铁质黏着擦伤颗粒的尺寸大于 200 μm 或有 60 μm 的钢质黏着擦伤颗粒其含量多于 10% 时应更换新油。

(3) 液压系统的换油工艺

液压油使用时的注意事项：保证液压油的品种、牌号和质量符合叉车使用要求，不同品种和牌号的液压油不得混用。在加油过程中，防止水分和杂质混入，使用中，发现有机械杂质时，应及时沉淀过滤。液压油的使用温度应控制在 65℃ 以下，最高油温不得超过 90℃。若油液温度过高，会加速油液的氧化变质，生成酸性物质腐蚀金属，并使油液变稀，造成内部泄漏增多，甚至使液压元件不能正常工作。

①使用期限。液压油的使用期限通常是根据实际使用情况来确定的。有条件时，可用光谱分析或薄膜过滤技术定期取样化验，鉴定油液的污染程度和质量变化。当超出规定范围时，就应立即更换。若无油品分析手段，则可采用经验法判断油液的污染程度和质量变化，确定换油期。其具体方法是：从工作油箱上部和底部分别采取油样，放在透明的容器中，与同样盛装新油的容器进行对比观察。若旧油呈乳白色，说明油中混入 0.02% 以上的水分，也可能是混入了空气。当静置 5~10 h 后，气泡引起的乳白色消失，油液会重新变得透明；而水分引起的乳白色却仍然存在。若油中混入固体杂质，可在光线的照射下与新油进行对比观察。静置 24 h 后，取出沉淀物进行判断。当发现油的质量有显著变化，如水分的混入引起混浊现象、金属粉末杂质大量侵入以及与异种油液混合时，就得立即更换，也可根据叉车累计工作小时或液压油的换油时间来确定换油期。在正常使用条件下，叉车累计运转 800~2 000 h、机械油使用半年左右、汽轮机油使用 1 年左右或专用液压油使

用1年以上时,应立即更换新油。第一次换油时间应适当提前。

②换油工艺。换油是清除沉淀物、清洗系统、恢复整个液压系统传动性能的复杂过程。换油时,必须做到:一要对系统进行清洗,以便除去因油液劣化生成的锈垢及其他杂质;二要把管路和元件中的旧油彻底排除干净,以免影响新油的使用寿命;三要在清洁无风的环境中进行,以免灰尘进入油液和零件中。其具体步骤如下:

• 冲洗。首先在旧油中加入冲洗促进剂,启动发动机,使液压装置运转1h以上,油温达到40℃~60℃。然后将油箱、油管、油缸、换向阀等装置中的油液趁热彻底放出。

• 刷洗。在旧油排出后,用柴油、煤油等轻质油料加至油箱1/3容量以上,再次启动发动机,使其连续运转半小时以上,且反复操纵起升和倾斜阀杆。如果是液压转向叉车,还应架起转向桥,并左右转动方向盘。待油温达40℃~60℃时,放出清洗液。

• 换新油。根据叉车要求的品种和数量,向工作油箱内加入新的液压油,并将油箱上的回油管拆下,接入另一容器中。开动油泵,待整个液压系统都充满新油后,再将回油管接至油箱上,同时向油箱补充新油,使油面既不高于测油尺的上刻线,也不低于测油尺的下刻线。

在运转过程中,仔细观察油泵、油缸、换向阀的工作状况,检查油管及管接头等处有无渗漏现象。至此,换油工作结束。

(4) 叉车的润滑点及加油位置

叉车同其他机器一样,也需要对各运动及不运动的零件、部件按规定供应润滑剂,每一份叉车说明书都列有润滑表,润滑表提供各个需要润滑的零部件的名称、润滑点数目、润滑剂代号或油脂名称、润滑时间间隔。通常润滑时间间隔是指叉车的实际运转时间。叉车各机构的润滑部位要定期润滑,它将直接影响叉车的使用寿命。

新叉车或长期停止工作后的叉车,在开始使用的两周内,对于应进行润滑的轴承,在加油润滑时,应利用新油将旧油全部挤出,并润滑两次以上,同时应注意下列三点:润滑前应清除油盖、油塞和油嘴上面的污垢,以免污垢落入机构内部;用油脂枪压注润滑剂时,应压注到各部件的零件接合处挤出润滑剂为止;在夏季或冬季应更换季节性润滑剂。

2. 叉车的润滑和验收试车

(1) 叉车润滑的要求

叉车的正常使用离不开油料,定期、正确的润滑对叉车的正常使用及延长使用寿命具有重要意义。因此,在润滑作业中应注意以下要求:

①选用符合规定的润滑油。叉车各部件使用的润滑油必须根据工作条件、地区、季节气候来确定,不得随意替换。液压系统的工作液采用液压油,目前国产液压油主要有6号和8号两种,另外还有拖拉机液压传动两用油。3t以下叉车选用6号液力传动油;3t以上叉车选用8号液力传动油;全液压叉车选用拖拉机传动液压两用油。驱动桥、变速箱、机械式转向器、油泵减速器、轮边减速器等使用GL-3级普通车辆齿轮油;寒区全年用GL-3级80W/90,北方地区全年用85W/90,南方地区全年用90号。汽油发动机夏季用SC30机油,冬季用SC20机油,也可全年通用SC10W/20机油。柴油发动机夏季用CC30机油,冬季用CC20机油,也可全年通用CC20、W40机油。叉车的转向节销、轮毂轴承、水泵轴承、转向横直拉杆球头销、内外门架间、货叉架滚轮等处通常采用2号或3号钙基润滑脂进行润滑。保养蓄电池电极柱时,应涂工业凡士林。叉车制动液一般用4604合成制动液。

②用量要适当。叉车各总成加注润滑油的加注量都有一定要求。若加注量过少,则不能保证润滑,会加速机件的磨损;若加注量过多,则将会增加运转阻力,消耗功率,甚至造成漏油。

③添换要及时。叉车在运行中,由于局部渗漏、蒸发、消耗等原因,各总成、部件的润滑油或润滑脂长时间使用后会变脏、变质。因此,要适时地添加或更换。在加注润滑油前,应先清除油盖、油塞及油嘴等零件上的污垢、灰尘。加注后,必须将溢出零件外的油迹擦净。

(2) 叉车整车维护后的验收试车

①发动机的大修竣工验收。发动机大修以后,必须确保动力性能良好,怠速运转稳定,燃油消耗经济,附件工作正常,各部件润滑良好。具体要求如下:常温下,用启动机5~15s内顺利启动。运转中,各部件衬垫、油封、水封及各接头等处不得有漏油、漏水、漏气、漏电现象。水温在75℃~85℃

时，汽缸压力应符合规定。怠速运转时，机油压力应不低于 98 kPa。中速运转时，机油压力应为 200~400 kPa。启动后，在低速、中速、高速时，运转都应均匀。发动机突然加速时，不应有断火或熄火现象；汽化器及排气管不得有回火爆炸声，排气不应有时浓、时淡或冒黑烟现象；柴油机允许冒淡蓝色烟。发动机在正常温度下运转时，不允许活塞销、连杆轴承、曲轴轴承有异常响声及活塞的敲缸声，但允许正时齿轮、机油泵齿轮和气门脚有轻微而均匀的响声。曲轴通风孔允许有依稀可见的气体冒出。检验合格后的发动机应按规定再次拧紧汽缸盖螺栓、螺母。

②内燃机叉车的大修竣工验收

• 整车内外各部位应整洁、干净。涂漆后车号及各种标志应齐全，涂料不得黏附在电镀、橡胶及各个运动件的配合表面。整车涂漆后应平整、无皱纹及流挂现象，全车外露表面应均匀美观。

• 叉车上仪表、灯光、信号及标志必须齐全、可靠和有效，灯光亮度、光束应符合要求；喇叭的声音应清脆、洪亮、无杂音；电气线路应完整，包扎、卡固良好；后视镜安装良好。

• 全部润滑脂齐全、有效，所有润滑部位及总成内部均按出厂季节、品种及规定容量加足润滑脂；液压系统用油符合规定。

• 各液压系统的所有管路和接头应安装正确，无碰擦、松动、渗漏现象；各油泵、液压控制阀、油缸、变矩器及液力变速器等均不得有异常响声；各液压油缸的运动必须平稳，无颤抖、爬行现象。

• 叉车内外门架运动灵活，两条起重链张紧程度应相等、不扭曲；货叉的两个叉臂应保持在相同水平位置。

• 转向轻便、灵活，无跑偏、摇摆现象，动力转向工作正常，方向盘在回位后能保持直线行驶，最小转弯半径符合设计要求。

• 制动踏板自由行程、手制动器行程和手制动器、脚制动器的制动效能符合要求。离合器结合平稳，分离彻底，无打滑发抖现象，踏板自由行程符合要求。液力变矩器工作可靠、平稳，无过热、发抖现象。变速器换挡应轻便、灵活，无乱挡、跳挡现象。动力换挡变速器换挡应轻便、准确，无跳挡和分离不彻底现象。制动时，能迅速切断动力。

- 轮胎安装正确，气压符合要求。
- 工作装置的最大起升高度应符合原设计要求。工作装置的最大起升速度应不小于原设计的 90%。门架的前后倾角应符合原设计要求。两倾斜油缸的动作应协调一致。前倾时，货叉前端应与地面相接触。起升机构工作时，运行平稳，升降自如，无阻滞现象。叉架空载升降时，允许部分滚轮不转，重载时则应全部滚动。滚动端面不允许与内门架接触。
- 全部检查合格后进行空运转实验，空载运转 30 min，反复完成各项动作，检查各部件的运转是否正常。静负荷试验时，用额定载荷起升至最高点，在 10 min 内，门架自倾角不得超过 35°，起升油缸活塞杆的下滑量不得超过 25 mm。加载至 1.25 倍额定载荷，停留 10 min 后卸去，门架无永久变形。动负荷试验时，用 1.1 倍额定负荷进行升降、倾斜、行走及制动试验，各机构应动作灵敏、可靠，不应有漏油、过热、异常等现象。能爬行 20% 的坡度，长 10 m 以上的坡道能上得去，退坡停得住，性能达到设计要求。超载 20% 时，安全阀应能打开。

三、叉车的维护周期及项目

要使叉车工作正常、可靠并充分发挥叉车的潜在能力，应有经常性的维护措施。叉车维护是一项预防性工作，其主要内容是清洁、紧固、润滑、调整和防腐。其技术维护措施一般为：日常维护应安排在每班工作后；一级技术维护应累计工作 100 h 后；二级技术维护应累计工作 500 h 后。

1. 日常维护

日常维护由每班的司机对叉车进行清洗、检查和调试。它是以清洗和紧固为中心的每日进行的项目，是车辆维护的重要基础。其工作是：清除叉车上的污垢、泥土和灰尘；检查并添加发动机冷却水、润滑油及燃油；低温时冷却系统放水；检查叉车各部分连接件的紧固情况等。叉车日常维护的主要内容是：

①清洗叉车上的污垢、泥土和灰尘，重点部位是货叉架及门架滑道、发电机及启动器、蓄电池电极柱、水箱及空气滤清器。

②检查各部位的紧固情况，重点是货叉架的支撑、起重链拉紧螺钉、车轮螺钉、车轮固定销、制动器及转向器螺钉。

③检查脚制动器、转向器的可靠性、灵活性。

④检查渗漏情况，重点是各管接头、柴油箱、机油箱、制动泵、升降油缸、倾斜油缸、水箱、水泵、发动机油底壳、变矩器、变速器、驱动桥、主减速器、液压转向器及转向油缸。

⑤除去机油滤清器的沉淀物。

⑥检查仪表、灯光、喇叭等工作情况。

上述各项检查完毕后，启动发动机，检查发动机的运转情况，并检查传动系统、制动系统以及液压升降系统的工作是否正常。

2. 一级技术维护

一级技术维护是以清洗、紧固、润滑为中心的定期进行的项目。它除执行日常维护规定的工作内容外，主要应对规定部位添加、更换润滑油，并对叉车的易磨损部位逐项进行认真的检查、调试和局部更换的工作。叉车一级技术维护的主要内容是：

①检查汽缸压力或真空度，检查并调整气门间隙，检查节温器的工作是否正常。

②检查多路换向阀、升降油缸、倾斜油缸、转向油缸及齿轮泵的工作是否正常。

③检查变速器的换挡工作是否正常；检查并调整手、脚制动器的制动片与制动鼓的间隙。

④更换油底壳内的机油，检查曲轴箱通风接管是否完好。清洗机油滤清器和柴油滤清器的滤芯。

⑤检查发电机及启动机的安装是否牢固，其各接线头是否清洁、牢固，检查碳刷和整流子的磨损情况。

⑥检查风扇传动带的松紧程度。

⑦检查车轮的安装是否牢固，轮胎的气压是否符合要求，并清除胎面嵌入的杂物。

⑧由于进行维护工作而拆散零部件，当重新装配后要进行叉车的路试。

路试的主要内容包括：

  • 测试不同程度下的制动性能，应无跑偏、蛇行。在陡坡上，手制动器操纵杆拉紧后能可靠停车。

  • 倾听发动机在加速、减速、重载或空载等情况下运转时有无不正常的声响。

  • 路试一段里程后，应检查制动器、变速器、前桥壳、齿轮泵处有无过热现象。

  • 检查货叉的升降速度是否正常，有无颤抖现象。

  • 检查柴油箱进油口过滤网是否堵塞、破损，并清洗或更换滤网。

3. 二级技术维护

二级技术维护是维护性修理。二级技术维护除完成一级技术维护规定的工作内容外，重点应根据零部件的自然磨损规律、运转中发现的故障或其征兆，有针对性地进行局部的解体检查，对磨损超限的一般零件予以修理或更换，以消除因零件的自然磨损或因维护、操作不当造成的叉车局部损伤，使叉车处于正常的技术状态。

二级技术维护是以检查、调整、防腐为中心的工作项目，主要对叉车进行部分解体、检查、清洗、换油、修复或更换超限的易损零部件。除按一级技术维护各项目外，还应增添下列工作：

①清洗各油箱、过滤网及管路，并检查有无腐蚀、撞裂，清洗后不得用带有纤维的纱布等擦拭；清洗变矩器、变速箱，检查零件的磨损情况，更换新油。

②检查传动轴轴承，视需要调换万向节十字轴的方向；检查驱动桥各部件的紧固情况及有无漏油现象，疏通气孔；拆检主减速器、差速器，调整轴承的轴向间隙，添加或更换润滑油。

③拆检、调整和润滑前后轮毂，进行半轴换位；清洗制动器，调整制动鼓和制动蹄摩擦片间的间隙；清洗转向器，检查转向盘的自由转动量。

④拆卸及清洗齿轮油泵，注意检查齿轮、壳体及轴承的磨损情况；拆检纵横拉杆和转向臂各接头的磨损情况；拆卸多路阀，检查阀杆与阀体的间隙，如无必要切勿拆开安全阀。

⑤检查转向节有无损伤和裂纹,检查转向桥主销与转向节的配合情况,拆卸轮胎,对轮辋除锈、涂漆,检查内外胎的垫带,换位并按规定充气。

⑥检查手制动机件的连接及紧固情况,调整手制动杆和脚制动踏板的工作行程。

⑦检查货架、车架有无变形,拆洗滚轮,查看各附件的固定是否可靠,必要时添补、焊牢。

⑧检查蓄电池电液的密度,如与要求不符,必须将其拆下进行充电,清洗水箱及油液散热器。

⑨拆检起升油缸、倾斜油缸及转向油缸,更换磨损的密封件。

⑩检查各仪表的感应器、熔丝及各种开关,必要时进行调整。

四、叉车发动机的维护

1. 叉车发动机总成的维护和调整

(1) 气门及气门座的检修

维护中检修气门工作表面和气门杆部的磨损程度,如出现烧蚀或变形应予更换。检查各气门杆端面是否磨损,必要时用油石修磨平整,但修磨量超过 0.5 mm 时应予更换。

用普通着色法检查气门的接触痕迹,即在气门座工作面涂一层薄薄的红丹粉,用气门头与气门座配合进行着色检查。气门配合面的接触痕迹必须为连续无间断的环形痕迹,其宽度必须在 1.3~1.5 mm 范围内,研磨气门时,先用粗研磨膏进行研磨,然后用细研磨膏研磨。研磨后清除气门及气门座的研磨膏,研磨后气门的接触痕迹应在气门座宽度的中央部位,环行痕迹无间断。

(2) 活塞及活塞环的检测

为了测量活塞环的开口间隙,应将其装入缸孔内,并使活塞环在缸孔的最低部,其位置应正确并保持垂直。用塞尺测量其开口间隙:第一道环和第二道环的标准为 0.15~0.35 mm,油环标准为 0.3~0.7 mm。必要时予以调整。

(3) 活塞的安装

活塞顶部的箭头应指向前端，油孔应在进气口侧；在把活塞销装入连杆前，端孔和活塞销孔应涂油；将活塞环装在活塞上之前，应检查活塞环是否有标记，且标记应朝上；3个环装妥后，其开口的相对位置互错180°。当活塞连杆总成装入缸内时，连杆有可能卡在缸壁或曲轴的主轴颈上，这时不允许强压活塞，应检查其卡住的原因，以便排除。连杆大头轴承盖的两定位止口确定了连杆轴承盖相对于连杆大端的位置，在装连杆盖时，上、下定位止口应在同一边，安装好连杆盖后，应均匀地拧紧螺母，左右两边的力矩相同。

(4) 带轮的安装

凸轮轴正时带轮的一侧有一个冲点标记，用做带轮在凸轮轴上正确定位的参考标记。在把带轮装在凸轮轴上时，应使冲点标记侧朝向风扇，并使冲点标记对准凸轮轴上的键槽。按上述方法安装正时齿带前，应检查曲轴键槽是否在 80°~100°的范围内。

(5) 气门间隙的调整

气门间隙用调整螺钉调整，螺母用来锁紧螺钉。当摇臂与凸轮基圆接触时，用塞尺测量螺钉和气门杆间的间隙，冷车时进、排气门间隙均在 0.15~0.20 mm 范围内。检查气门间隙时，应确保摇臂与凸轮轴的凸轮部分脱开而与基圆接触，否则间隙的读数无效。

(6) 安装分电器

转动曲轴使活塞在上止点前10°的位置，并使分电器转子中心线与分电器壳体的标记在一条直线上，然后才能将分电器装入齿轮箱内。通过分电器安装孔加注规定数量的机油。

2. 机油集滤器和机油滤清器的维护

检查机油盘有无渗油现象时，应在发动机热机运转时进行。若有渗油现象，应拧紧相应部位的螺母，如仍未消除，应拆下检查或更换橡胶、软木衬垫。机油集滤器应在叉车一级技术维护和二级技术维护中进行清洗、检查，以防堵塞或工作失效，从而影响其发动机的润滑和滤清效果。

在叉车进行二级技术维护时，要更换机油并清洗机油滤清器，同时更换纸质滤芯。清洗钢丝网及粗滤芯时，千万不要粘上棉丝或碰伤圆柱面。机油粗滤器限压阀所限制的压力是 19.6~24.5 kPa，机油细滤器限压阀所限制的压力是 8.8~10 kPa，这都是在出厂前已调整好的，一般不需要改变。

3. 供油系统的维护

维护供油系统时，主要需维护、清洗干式空气滤清器，可用压缩空气吹净滤芯的尘土，必要时应更换空气滤芯。燃油滤清器不允许分解维护，应按规定作业时间予以更换。

为了检查浮子室内的燃油是否保持在正常高度，应把车辆停在平地上，并观察油位的玻璃窗。若油位在玻璃窗中间位置，即为针阀工作正常。若从玻璃窗观察到的油位太高或太低时，必须进行调整。调整方法是：拆下浮子室盖，折弯舌片，若向上折舌片，油位降低；若向下折，油位升高。

调整怠速应具备的条件是：冷却液温度正常，阻风门全开；发动机所有附属装置全断开；点火正时在规定范围；燃油油位正常；空气滤清器完好。调整时，首先调整怠速调整螺钉，使转速稳定在 500 r/min；怠速混合气调整螺钉一般不需调整，必要时将其完全拧紧到位，然后逐渐拧松，直到螺钉拧松到发动机最高怠速时的转速位置为止，最后将怠速调整到 500 r/min 并稳定后即可。

4. 冷却系统的维护

冷却液处于冷态时，节温器保持关闭状态，这时抽吸的冷却液通过水套、进气管、旁通软管和水泵构成循环回路。当温度升至 82℃ 时，节温器阀门打开，使循环中部分冷却液通过散热器；当水温升至 95℃ 时阀门全开，冷却液全部经过散热器芯向大气散热，并流回水泵。

风扇皮带不仅驱动风扇，而且还要驱动交流发电机和水泵。应检查风扇传动带的松紧情况，当用大拇指用力按压风扇传动带的中央位置时，其挠度应为 10~15 mm；除此之外，还应检查风扇传动带是否有磨损、裂纹、变形等，若损坏须及时更换。

加注冷却液时，将车开至平地处，将符合规格的冷却液加注到水箱加液口为止，然后将发动机运转 2~3 min，通过冷却液的循环将系统内的空气排出，加液管的液位降低，再补加冷却液，直到液位升至"FULL"标记为止。

五、叉车发动机电器的维护

1. 点火系统的维护与调整

当高压线的某一部分绝缘不良或分电器盖、分电器内部脏污时，会产生泄漏。火花塞电极间隙过大会影响其正常工作，需要定期维护并调整至规定范围；应保持分电器盖的清洁，定期维护，并检查有无磨损或裂纹，必要时更换新件。

调校点火正时，将正时灯接在一缸高压线上，启动发动机，以 500 r/min 的转速运转，在此状态下，按飞轮正时标记校正正时灯，调整为上止点前10°并与正时配合标记对准即可；点火顺序为 1－3－4－2；触点间隙调整为 0.35~0.45 mm，松开分电器固定螺栓，将外壳转至适当位置，最后拧紧固定螺栓。

2. 分电器的定期检查与维护

当叉车进行二级技术维护时，要按下列要求维护分电器。首先清除分电器盖和分火头上的污垢及氧化物，并用浸有汽油的干净棉纱擦净各处，检查断电触点间隙是否为 0.35~0.45 mm，同时检查分电器的安装部位和线路的连接情况。检查白金触点的接触处有无烧蚀及不平点，必要时用细砂条锉平，并将其表面洗净、擦干，按规范要求调整间隙；检查断电臂绝缘块和触点的磨损情况以及断电臂弹簧张力，必要时更换新件。检查断电器底板转动的灵活性，检查离心点火提前机构有无卡滞现象及真空点火提前机构有无卡滞及漏气现象；检查凸轮，若衬套与轴之间有明显的间隙或凸轮的外径已严重磨损，应更换凸轮，并允许更换离心块等构件，但必须按规定进行调试。清洗外壳，并检查轴承和石墨青铜衬套之间的配合情况，若其间隙过大或松动，则应更换衬套，并按规范重新装配；对分电器各零、部件进行全面的检查和鉴别，经维护、调整达到技术规范后才能继续使用。

3. 火花塞的维护与调整

火花塞的绝缘体和电极表面均应清洁，如有积炭应予清除，可拆下火花塞，浸入煤油中，用铜丝刷子刷洗积炭和油垢；用 0.6~0.7 mm 的塞尺检查和调整电极间隙；火花塞的密封垫圈在装配时切勿遗漏；拆装火花塞时需用专门套筒，防止套筒歪斜使火花塞的瓷体被拆断；重新装配时拧紧力要适当，以免将电极碰歪，损坏火花塞而影响发动机的正常工作；使用中应经常保持火花塞外表清洁、干燥，并避免长时间怠速工作，而使绝缘体裙部经烟熏而产生积炭现象，导致发动机冷启动时火花塞中断着火而难以启动。

4. 硅整流发电机与调节器的维护及检修

安装时，拉紧三角皮带的力应作用于发电机的前端盖上，绝不可撬后端盖，以免将其前端撬裂。发电机前、后端盖上的球轴承在每次维护中应加一号钙基润滑脂润滑，填充油脂量约为轴承空间的2/3。发电机每次进行二级技术维护时，应拆开检修并维护，用汽油擦净各部分的油污，用细砂布打光转子上的滑环，清洁其轴承，检查其松动量。检查线圈，查看转子中磁场线圈与滑环的焊接是否可靠，定子引线及二极管引线的焊接是否可靠。用万用表逐个测量二极管，查看有无损坏件，必要时更换新件，检查碳刷弹簧的压力是否正常，若其磨损过度则予以更换；检查碳刷架和引出线螺钉对外壳的绝缘是否良好。发电机检修后按规范重新装配，并进行空运转及发电，测试其性能是否符合有关规定的要求。检查调节器触点是否发生烧蚀，必要时用细砂纸或细砂布磨光；重新装配时调整好铁心与衔铁的间隙；常开的一对触点间隙为 0.3 mm，按技术要求调整弹簧张力。

六、蓄电池的正确使用和维护

1. 电池的正确使用

配用硅整流发电机的叉车的蓄电池必须负极接地，绝不能弄错，否则会因烧坏硅整流发电机的二极管而损坏发电机。蓄电池的隔板有木隔板、塑料隔板和玻璃纤维隔板等，它安装在正、负极板之间，防止正、负极板相碰而产生短路。电解液的密度对蓄电池的工作影响很大，当密度增大时，电解液的冰点降低，冻结的危险减小，但密度过大，电液黏度增大，渗透困难，且会使木隔板加速炭化，使极板硫化，缩短其寿命。使用时，可根据不同使用条件来选择不同密度的电解液。炎热的夏季密度可调至 $1.26 \sim 1.28 \text{ g/cm}^3$，

寒冬时应调至 $1.27 \sim 1.30\ g/cm^3$ 为宜。电解液的密度可以用吸入式密度计测量，吸入时，应同时测量电解液的温度，并将测得的密度加上修正值，换算为标准温度的密度。电解液应高出极板上部端面 $10 \sim 15\ mm$，不能低于极板。叉车作业中由于电解液中水分的蒸发和充电过程中水的分解，会使液面降低、密度增高，所以要经常补充蒸馏水。添加蒸馏水一定要在其充电之前进行，也可在发动机运转时，一边让发电机向蓄电池充电，一边加蒸馏水，这样有利于加快电解液均匀混合的速度。在放电过程中，不得向蓄电池内加注蒸馏水。

叉车蓄电池是一种可逆性的直流电源，可以反复充电、放电，所以称为二次电池。充电过程是将电能转变为化学能储存起来，放电过程则是将化学能转变为电能。蓄电池最好经常处于充足电的状态，凡使用过的蓄电池每月最好充一次电，存放期不宜过长，避免长期搁置。蓄电池的充电状态可根据电解液的密度和端电压来判断，用高率放电计测量蓄电池在大电流放电时的端电压，可准确判断蓄电池的放电程度。一般用高率放电计测量技术性良好的蓄电池时，其单格电压应在 $1.5\ V$ 以上，并在 $5\ s$ 内保持稳定，否则表示该单格电池放电过多或有故障，应进行补充或更换。检查时还可用直流电压表测量其单格电压，正常值应为 $2.1\ V$ 以上。电解液密度以 $1.27 \sim 1.29\ g/cm^3$ 为宜。当充电时，每单格应冒气泡并呈沸腾状态为正常。

叉车蓄电池的早期损坏多发生在冬、夏两季。冬季气温低，混合气中汽油不易均匀雾化，而且机油黏度大，曲轴转动慢，蓄电池中电解液扩散或流动迟缓，因而其效率降低，显得电力不足，若启动困难而继续使用，蓄电池快速放电，由此导致电压下降、容量降低、极板损坏。夏天气候干燥，电解液蒸发、消耗过快，如果加之发电机端电压调得过高，经常会出现过充电。过充电电流越大、时间越长，电解液消耗量越大，液面高度下降越快，液面过低，使极板上部暴露在空气中被氧化。因此，需要做到勤检查、勤调整、勤维护，才能保持蓄电池的良好技术状况。

2. 蓄电池的安全检查与维护

在叉车使用中，对蓄电池的要求较高，必须定期强制维护，检修时必须严格遵守工艺规范；使用时应注意放电电流不能过大，以免造成极板弯曲、活性物质脱落，使容量降低、电压下降导致蓄电池早期损坏。发电机的调节器应按规定调整，不能随意将电压调高，以免隔板受到腐蚀，缩短其使用寿命。

(1) 日常检查项目

①液面。电解液低于额定的液面将缩短蓄电池的使用寿命，而且电解液太少将导致蓄电池发热、损坏，因此，必须经常注意电解液是否足够。

②接线柱、导线、盖子。必须经常检查蓄电池接线柱的接合处与导线连接处因氧化而引起的腐蚀情况，同时检查盖子是否变形、是否有发热现象。

③外观。蓄电池表面的污物将引起漏电，应使蓄电池表面随时保持清洁、干燥。

(2) 维护项目

①加水，按规定的液面添加蒸馏水，不要为了延长加水间隔时间而添加过多的蒸馏水，加水过多会使电解液溢出，从而导致漏电。

②充电。充电过程中蓄电池会产生气体，应保持充电场所通风良好，周围没有明火，同时充电过程中产生的氧气、酸性气体将对周围环境产生影响，充电期间拔下充电插头时会产生电弧，应将充电机关闭后方可拔下插头。充电后在蓄电池周围滞留许多氢气，不允许有任何明火，应开启蓄电池上的盖板进行充电。

③接线柱、导线、盖子必须由生产厂家指定的专业技术人员进行维护。

④清洁。若不太脏，可以用湿布擦干净；若非常脏，就要将蓄电池从车上卸下，用水清洗后使之自然干燥。

(3) 保管

①保管场所。保管时，不能使蓄电池短路。因雨淋导致短路时可能产生火灾，并可能产生少量氢气，因此，必须将蓄电池存放在通风、阴凉的场所。

②废旧的蓄电池。废旧的蓄电池仍然存有电能，应按照可使用的蓄电池存放方法进行保管。

(4) 电解液的检查与处理

①检查密度。使用吸入式密度计检查密度，作业时不要让电解液溅洒出来，并穿戴好劳动保护用具。

②除检查以外的操纵应向专业人员咨询,特别是补充电解液时。

③电解液泄漏。由于蓄电池倾翻、破损导致电解液泄漏时,应立即进行紧急处理。

(5)寿命终期蓄电池的操作

①寿命终期蓄电池的操作。蓄电池接近寿命终期时,单格电池内的电解液消减得非常快,应每天补充蒸馏水。

②废旧蓄电池的处理。对于废旧蓄电池,应抽出电解液,将蓄电池分解。可考虑是否由蓄电池生产厂家回收。

(6)紧急处理

①电解液溅到皮肤上应用大量清水冲洗。

②电解液溅洒到眼睛里时,应用大量清水冲洗,然后接受专业医生的治疗。

③电解液溅洒到衣服上时,应立即脱下衣服,用水冲洗后再用弱碱性皂液清洗。

④电解液泄漏到外部时,立即用石灰、强碳酸苏打或碳酸苏打等进行中和,并用大量的水冲洗。

3. 叉车蓄电池的充电

叉车蓄电池充电前应检查蓄电池是否完好无损,接线是否完好,并打开气盖;不要打开或拔出电池上的注液液塞;电池附近严禁吸烟,不许产生火花或明火;充电时电池不能同时放电;充电时电池上不要放置金属工具;充电时不要修理蓄电池。

如果是新蓄电池,将密度配为 1.26 g/cm^3 电解液冷却至 30℃ 后注入蓄电池,注入量以高出极板 10~15 mm 为宜,静待 6h,液温降至 35℃ 以下方可开始充电。充电过程中电解液温度不宜超过 55℃,否则应采取减小充电电流、人工降温或暂停充电等措施。蓄电池充电至饱和时,电压和电解液的密度在 2~3 h 内基本不上升,并冒出大量气泡,电解液的密度达 1.26 g/cm^3,单格电压达 2.4 V。当电解液的密度下降至 1.18 g/cm^3 时应及时进行充电。蓄电池充电终期时,用蒸馏水或密度为 1.4 g/cm^3 的稀硫酸调整电解液的密度为 1.26 g/cm^3,并保持足够的高度。蓄电池充电始末应做电压、电解液密度记录。记录将有助于蓄电池的维护和故障分析。蓄电池切勿接近火源和热源。充电完毕盖上气盖，擦净外溅的电解液，保持接头清洁、干燥，并涂上凡士林。蓄电池的冲洗必须吊离车外进行。

蓄电池的充电环境必须通风良好，尤其在随车充电时四周须强行排风。电池充电间通风设备必须良好，温度不高于40℃，避免电池充电时积聚的氢氧混合气体引起爆炸，应保证充电间内空气流动，蓄电池的最初及平常的充电数据可参考蓄电池说明书进行操作。

4. 电瓶叉车蓄电池组的使用和维护。

（1）电解液的配制及注意事项

配制电解液时，必须用耐酸、耐高温的瓷缸、玻璃槽或铅皮槽作为容器，绝对不许使用普通金属器具。

蓄电池的电解液是密度为 1.26 g/cm^3 的稀硫酸溶液。配制时，先将蒸馏水倒入容器内，再大致按比例将浓硫酸徐徐加入，并随时用玻璃棒搅拌均匀。必须注意：配制时绝对不许将蒸馏水加入到浓硫酸内，否则，就会发生强烈的反应，温度骤增，溶液沸腾，以致损物、伤人；还应注意所使用的硫酸应该是化学浓硫酸或蓄电池专用硫酸，不宜使用市场上供应的褐色工业硫酸。

因刚刚配制好的电解液温度较高，不可将其灌入蓄电池，灌入蓄电池的电解液的温度应在35℃~45℃之间，温度过高或过低都不好。加入的电解液液面应高于极板 10~15 mm，静置 4~8 h。如蓄电池内电解液的温度降至30℃以下且电解液液面不低于规定液面，即可开始充电。从把电解液开始加入蓄电池内到初次充电的间隔时间不能超过 12 h。

（2）蓄电池的充电

①初次充电。充电前，检查电源、电表、电阻等充电设备及仪表。将蓄电池胶制螺塞旋下，戳穿逸气孔。蓄电池与蓄电池之间采用串联接法，即此蓄电池的正极与另一蓄电池的负极相连接。然后，将第一个蓄电池的正极与电源的正极相连接，最后一个蓄电池的负极与电源的负极相连接，不要接错。否则电流相反，将损坏蓄电池的极板。在充电时，直流电流表指针的指示值必须与蓄电池充电所需的电流值一致。直流电源所需的电压应比蓄电池总电压稍高一些，否则容易发生反流现象。上列准备工作完毕后，即可开始充电。

按照充电标准调节充电电流。在充电时的第一阶段，待单格电压升到 2.4 V 时，即应该用第二阶段的电流值继续充电。

在充电过程中，如电解液温度上升到 45℃ 时，应将电流值减半，如温度继续上升，应立刻停止充电，等待温度降至 35℃ 以下时，再以原来的电流值充电。在第二阶段中，电解液冒出大量细密的气泡，蓄电池单格电压上升至 2.5~2.7 V，并稳定在 3 h 不再上升，同时，电解液的密度也稳定 3 h 不再上升。计算充入的电量为蓄电池标称容量的 5~6 倍，即为充电完毕。初次充电完毕后，测定电解液的密度，若不在（1.260±0.005）g/cm^3 范围内，加入蒸馏水或密度为 1.400 g/cm^3 的硫酸溶液进行调整，并高出极板 10~15 mm。

为了保证蓄电池充电良好，加液后，依照第二阶段电流值继续充电 0.5h，使电解液均匀混合。此后，如电解液密度还有变化，可依上法再次调整，至密度不变为止。将胶质螺塞旋上，蓄电池表面及周围用干净抹布擦净，然后，按照恒流连续放电标准投入使用。

②经常充电。正常使用的蓄电池，当电压降到终止值，电解液密度降到 1.180 g/cm^3 时，必须按照经常充电的标准进行充电。此时，蓄电池与蓄电池之间也采用串联接法，判断充电完毕的情形与初次充电相同。

经常充电所充入的电量应为蓄电池上次放电时放出电量的 1.2 倍左右，但新的蓄电池在开始的 10 次中可充入上次放电量的 1.4 倍左右。

（3）蓄电池的使用注意事项

①新购买的蓄电池暂不充电时，加水盖上的密封不要打开。新的蓄电池应注意保管，存放于室温 0℃ 以上、30℃ 以下的地方，并保持干燥、通风，绝对避免潮湿。

②新的蓄电池存放过久，极板表面发生氧化，因而内阻增加，所以在初次充电时，温度极易升高。如遇到这种情况，可适当地减小充电电流，由于有一部分充电电流消耗在除去极板表面的氧化层上，所以充电电量也应适当地增加。

③蓄电池在使用过程中，由于蒸发的缘故，电解液会减少，应加蒸馏水补足。如果不是属于蒸发的原因，应该补充电解液。否则，极板露出液面外，容易损坏极板。补加电解液时，绝对不许加入浓硫酸。

④蓄电池在放电后,应该在最短时间内及时充电,严禁放电后搁置不管。蓄电池放电时必须按照额定容量,不得超负荷放电。充电时,不要旋上加水盖。

⑤充电过程中,蓄电池逸出氢气,遇火易爆炸,所以充电房内要严禁火种。

⑥已经充电但暂时不使用的蓄电池,应在存放期内每月补充充电一次。

⑦经常使用的蓄电池,如每次放电不能放出全部容量或充电时不能充满者,则在3个月之内至少进行一次全容量充、放电,以恢复蓄电池的活动性能。

⑧没有使用过的新蓄电池允许保存时间为1年。逾期则蓄电池的容量与寿命均相应降低。

⑨在使用过程中,如发现个别单格蓄电池情况不好,应将其从蓄电池组内取出,以免损坏其他蓄电池。

⑩蓄电池在寒冷地区使用时,必须经常保持充满电的状态,以免电解液凝固,损坏蓄电池。搬运蓄电池时,要轻拿、轻放,以防碰损。叉车停用时,应将蓄电池组的火线拆去,以免漏电。

七、叉车底盘的维护

1. 叉车离合器的维护

叉车离合器技术状况的优劣直接影响着整车性能的发挥。要使离合器正常地发挥作用,必须十分注意离合器的技术维护和整车操作。叉车在使用中,离合器的维护项目是:分离轴承的润滑;分离套筒的润滑;总泵活塞与推杆间的间隙调整;分离杠杆与分离轴承间的间隙调整。

(1) 分离轴承的润滑

分离轴承工作时直接与分离杠杆接触,在做高速旋转的同时,要承受压盘弹簧较大的反作用力,从动盘与压盘之间频繁的滑动摩擦会产生大量的热量,其内部的油脂极易变稀、流失或干结、变质。若不经常加注油脂,分离轴承将早期损坏。

(2) 分离套筒的润滑

分离套筒与第一轴承盖间滑动时所受的力虽小于分离轴承，但高温也会使两者间原有的油脂流失或干结，造成离合器踏板虽然放开后，分离套筒仍不能与分离叉同时回位，叉车不能平稳起步，而是突然蹿出，所以此处的润滑也不可忽视。

(3) 总泵活塞与推杆间的间隙调整

为了使总泵活塞在离合器踏板放开时能退回极限位置，活塞与推杆之间必须留有 0.5~1 mm 的间隙。此间隙过小或为零时，会使离合器工作缸里的油压不会随离合器踏板的松开而全部解除，分离轴承不能完全回位，引起离合器打滑或分离轴承和杠杆的早期损坏；而间隙过大，会使离合器踏板的自由行程变大，有效行程变小，引起离合器分离不彻底，所以，此间隙必须调整合适。

(4) 分离杠杆与分离轴承间的间隙调整

从动盘摩擦衬片经使用磨薄后，在压紧弹簧的作用下压盘要向飞轮方向移动，分离杠杆内端向后移动，而且摩擦衬片磨得越薄，后移距离越大。因此，在分离杠杆与分离轴承之间应预留一定的间隙，以确保摩擦衬片在正常磨损过程中离合器仍能完全接合。此间隙过小甚至没有则会加速摩擦衬片和分离轴承的磨损；若间隙过大会引起离合器分离不彻底，因此间隙一定要经常调整。调整时注意分离杠杆在同一平面上的误差应在规定的规范内，否则会使离合器接合不平稳，叉车起步发抖。

(5) 延长叉车离合器分离轴承寿命的措施

内燃机叉车离合器的分离轴承工作频繁，其损坏次数在叉车故障中占较大比例，如果驾驶、操作得当并且维护及时，可延长轴承的使用寿命；否则叉车离合器分离轴承的损坏频率相当高，损坏后还会殃及其他零部件，例如分离杠杆及离合器片等。

(6) 离合器分离轴承易损坏的原因

叉车驾驶员虽然经常在每天作业前给分离轴承加注机油进行润滑，但其轴承仍然极易损坏，经分析，往往由于发动机的高温传至分离轴承，加之轴承高速旋转也产生高温，在这种条件下，机油很难存留在轴承内，轴承在高温状态下连续工作且润滑条件不好，这就导致其频繁损坏。若将轴承放在润滑脂内加热，使润滑脂浸透到轴承内，这样处理后，润滑脂虽能充满轴承，但由于经高温处理后的润滑脂结构遭到破坏，性能大幅度降低，使用此方法效果并不理想，轴承的使用寿命没有延长。

如果用尖嘴黄油枪给分离轴承直接加注润滑脂，再安装到叉车上，离合器分离轴承的使用寿命将大大延长，这种方法的效果较好，但操作比较复杂。在叉车发动机不解体的情况下加注润滑脂，较为简便的操纵方法如下：首先打开离合器盖，观察分离轴承的磨损情况，若确认轴承无损坏或磨损不超限，则拆下离合器踏板，调节连杆轴销，使分离轴承及轴承座退回到最后的位置。用尖嘴黄油枪向轴承座的孔加注润滑脂，直至轴承中有润滑脂溢出，然后稍转动一下轴承再次加注，重复以上工作，直到轴承周围有少许润滑脂溢出，再转动轴承，如感到轴承转动仍有阻力，再注满润滑脂为止。然后清除分离轴承座溢出的少量润滑脂，重新装好离合器盖。

2. 制动系统的维护

（1）制动系统的维护内容

检查制动踏板的自由行程，调整至标准数值；检查制动总泵的制动液液面，如缺少时，应按规定加足，但要注意注入制动总泵的制动液不得掺有其他油液及混用不同种类的制动液，以免产生胶质沉淀物，损坏皮碗或堵塞油管；清洗制动总泵缸、活塞、皮碗时，必须用制动液或酒精，原因同上；制动总泵、分泵中放出的制动液必须经过过滤后方可使用；定期润滑手制动拉杆接头部分和脚制动踏板轴；检查制动总泵、分泵油管接头装置情况；检查制动器块及制动鼓内圆磨损情况，并按规定数值调整制动器块与制动鼓间的间隙；踩下脚制动器踏板，如觉得松软且有弹性，表示已有空气进入制动总泵、分泵，应立即放气；制动总泵、分泵活塞的磨损量超过 0.15 mm、皮碗发胀时，应予更换。

（2）检查制动器块与制动鼓内圆的磨损情况

擦净制动鼓内圆，测量内径，如发现产生沟槽或圆柱度误差超出限度时，应予修理。拆下制动器回位弹簧，测量其自由长度及弹力，如有永久变形应予更换。制动器块上沾有油污时，应先检查漏油点的位置，再加以处理，然后将制动器块用汽油洗净。如果油污渗入内部，则先用汽油将外表面洗净并擦干，再用喷灯加热，使内部的油污渗出。检查制动带磨损是否均匀，若偏重一方，则制动器块必定歪斜或扭曲，应予调整；若制动带磨损、减薄，甚至与制动鼓间隙达不到允许值时，则须拆换新件。

(3) 制动器块与制动鼓之间间隙的调整

叉车出厂时，制动器已经调好。但在使用期间，由于制动带的磨损和叉车运行时受到的振动，使制动器块与制动鼓之间的间隙发生变化，影响到制动的可靠性。其间隙的调整方法如下：用木块垫在门架下端，然后使门架前倾，叉车前轮离地悬空。拆去前轮侧面的防尘罩壳盖，并使轮辐上的 3 个月形孔中的一个对准制动分泵的保护阀门，用旋具撬动分泵两端的保护阀门。如要使制动器块张开，则调节左保护阀门，旋具向上撬，再调节右保护阀门，旋具向下撬。反之，如要使制动器块收缩，则用左下、右上的方法进行调整。

制动器块与制动鼓之间的间隙应为 0.6 mm，并要求在两轮上的制动性能基本一致。制动踏板全行程为 180 mm，自由行程为 5~15 mm。当发现踏板行程不足时，应检查油管是否漏油或有空气，自动调整机构是否失灵，制动器块与制动鼓的间隙是否过大。必要时按技术规范进行调整。

采用植物制动液时，不允许用其他油液代替；总泵油缸液面距离上盖 15~20 mm；要求液压管路不漏油，而且管内没有空气。当制动管路中存有空气，在更换制动液以及在储油罐的油用完后添加制动液时，需要将制动管路、制动总泵以及制动分泵中的气体排出。

当调整脚制动片与制动鼓的间隙时，必须相应调整手制动操纵手柄的行程。调整时可支起车轮，用力拉紧手制动操纵手柄，所拉出的长度为齿条的 5~8 个齿，此时用手旋转制动鼓不能转动。若手制动操纵手柄行程过大时，应调整横拉杆的长度，使之适合行程的需要，在调整拉杆和横拉杆长度时，使之在放松手制动操纵手柄时，还能保持连杆、下拉杆和拉杆有预紧力的存在，但车轮必须能自由转动。

叉车使用中，当在 20 km/h 的速度下，制动距离超过标准值或感到制动敏感性差时，应检查并调整制动踏板的自由行程，排放制动管路中的空气，调整制动鼓与制动蹄片的间隙，并更换磨损达到极限的制动摩擦片。当感到手制动器失灵，叉车在20%坡道上用手制动不能停车时，应检查并调整制动蹄片与制动鼓间隙，调整手制动器操纵杆至适合行程的需要，必要时更换已经磨损达到极限的制动摩擦片。

（4）排除液压制动系统中的空气

液压制动系统在拆卸油管、总泵、分泵后重新装配时，不可避免地会渗入空气，一定要彻底排出，才能保证可靠制动。排空气时，须两人协作，首先，在总泵油池中装入适量制动液，一人在车下拆下分泵放气螺钉护罩，将橡皮管的一端装在放气螺钉上，另一端插在盛油杯中，另一人在车上踩制动踏板数次，待踏板升高后，用力踩下不动，此时车下的人旋松放气螺钉，使空气伴随油液一起排出。当车上的人踩下踏板将要到底时，车下的人旋紧放气螺钉。如此反复多次，直至把空气放净为止。放气过程中，应随时检查总泵的液面高度，不断补充制动液。放气完毕后，应将总泵内的制动液补充到标准高度。

3. 转向系统的维护

在对转向器进行维护与保养时，应定期检查转向器中各配合面间的间隙；确保转向器方向盘的自由转角不大于30°；经常检查各球销并加注润滑油，使其无卡死或间隙过大的现象。

调整转向器主要是调整方向盘的自由转角及转向沉重。方向盘自由转角过大，可能是联动装置拉杆球销磨损，转向器上、下盖紧固螺栓松动，联动装置转向拉杆螺栓松动，滚轮、蜗杆磨损以及蜗杆与轴承的间隙增大等原因所致。方向盘的转向沉重会增加驾驶员的劳动强度并影响行车安全，应尽快检查并予以修复。将转向摇臂拆下，转动方向盘进行检查，若感到沉重，就证明转向器内部故障，如蜗杆上下轴承调整过紧或轴承损坏；滚轮与蜗杆啮合过紧；转向摇臂轴与衬套间隙过小。将转向摇臂拆下后转动方向盘，若感到轻便、灵活，则说明转向器无故障。这时应将后轮顶起，用手扳动车轮，若扳不动或感到吃力，则转向沉重的故障可能是转向节轴轴承缺油或损坏；连杆主销轴承缺油或装配过紧和损坏；拉杆螺塞旋得过紧或球销缺油等，必要时予以修复。

4. 叉车的液压起重系统的安装、检修与维护

日常维护时应注意检查叉车液压传动系统的管接头、升降油缸、倾斜油

缸和油泵、全液压转向器、转向油缸是否有渗漏或严重漏油现象；检查油箱内的工作油是否足够。进行一级技术维护时，应清洗一次装在工作油箱内的滤油器滤网。在正常使用情况下，每次进行二级技术维护时，应将工作油箱中的油液按厂家说明书指定的牌号更换一次。各牌号的油不允许混合使用。

起重系统的各个主要构件之间均有相对运动，其中，内、外门架组成一对运动副，货叉架与内门架组成一对运动副。为提高各运动副的运动精度，减小各运动件相互间的摩擦力，降低振动噪声，提高叉、卸货时整车的侧向稳定性，内、外门架及叉架上的侧滚轮均有调整垫片，用以调整货叉架侧滚轮与内门架之间的间隙。

装配链条时，两根链条的张紧力应相等，不能有扭曲现象，两链轮安装后转动灵活。配对的两根货叉叉厚、叉长应大致相等，两根货叉垂直段与水平段间的夹角也应一致。两根货叉装上叉架后，其上平面应保持在同一平面内。每次进行一级技术维护时，应对内、外门架槽钢内和链条的链轮上加注润滑脂，以保证其良好的润滑，减少各运动副的摩擦。在宽视野起重系统中，两个起升缸（油缸）的行程应相等，各自的进油管路应畅通。两油缸柱塞杆上端面应与内门架、链轮支架同时接触。

在叉车作业过程中，若升降速度发生明显变化，且超出规定范围（满载最大起升速度大于等于 21 mm/s，最大下降速度小于等于 24 mm/s），说明有故障。在下降过缓或过快的情况下，可检查安装在升降缸底座上的限速阀。阀回位弹簧的刚度低，阀与孔配合过紧，导致滑阀不能全开，造成升速过缓；滑阀节流孔过大则造成下降速度增大；节流孔被脏物堵住也会引起下降速度过低。

门架侧滚轮、主滚轮与门架配合间隙过小，会因摩擦力增大而影响升降速度，甚至使货叉架卡住不能靠自重下滑，须调整侧滚轮垫片（侧隙）。起重系统满载货叉下滑量及自倾角超过规范标准时，应检修升降油缸，如倾斜缸或多路阀内漏，应更换密封件予以排除，并消除高压油管渗油现象。

安装叶片油泵时的注意事项：

①吸油管不得漏气；

②吸入管阻力不应太高；

③联轴器要尽量同心；

④油泵的入口、出口和旋转方向在油泵上都应注明，不允许接反。

油泵的使用方法：初次启动时，应先向油泵里灌满油，用手试转，检查入口、出口是否接反；检查转动方向是否正确；检查吸入侧是否漏入空气；在规定的速度范围内启动和运转。低温启动时，如油温在10℃以下，油泵应先断续启动几次后，再进入正常运转。

液压分配器的维护方法：如果液压分配器工作正常，在维护叉车时则不必将其拆开；如果液压分配器阀杆密封处漏油，仅需拆开下盖或拆下阀杆，更换密封圈；如果安全阀泄漏，可以用钢球研磨阀座；如果阀杆磨损，可以镀铬、磨削后使其复原。拆洗液压分配器时，必须保持高度的清洁。装好后，调整安全阀，确认密封完好后方可使用。

起升油缸的维护方法：首先检查柱塞表面是否清洁，外部各部分是否漏油，如发现油封处漏油，可将压紧螺母旋紧些，调整至不漏油为止。但不能旋得太紧，否则不但容易损坏油封，而且在无载时货架不易顺利降下。装配油管时，注意勿使水分和杂质进入。在伸展各种软管时，不应被其他部件阻碍或碰撞。油管装好后应进行试验，如发现漏油，应检查管接头的密封性。

模块六　叉车的故障排除

一、叉车故障常用诊断方法

叉车故障的常用诊断方法是直观诊断，其特点是不需检测仪器、设备和工具等科学手段，而是依靠人的眼、耳、口、鼻、舌、手来诊断故障。具体诊断内容包括：一问，问明叉车技术状况故障迹象，故障是突变还是渐变等；二看，观察排气颜色再结合其他情况进行分析，就可以诊断其工作情况；三听，就是凭听觉判别叉车声响，从而确定哪些是异常响声，它们是怎样形成的；四嗅，凭借故障部位发生的异常气味来诊断故障；五摸，用手直接触摸可能产生故障的部位的温度、振动情况等，从而判断配合副有无咬黏、轴承是否过紧等，可判断工作是否正常；六试，就是试验验证。例如，亲自试车去体验故障部位，也可用更换零件法来证实故障的部位。

二、叉车发动机常见故障的诊断与排除实例

1. 发动机异响

（1）活塞敲缸

急速运转时出现清脆有节奏的金属碰击声，随温度升高逐渐减弱或消失，一般是活塞与汽缸壁间隙过大、润滑不良等引起的。低速运转时用旋具搭火花塞逐缸断火试听，辨别响声产生的部位。也可卸下火花塞，往缸内注少许机油后装复火花塞，启动发动机，若响声减小或消失，过一会儿又出现，即可断定为此汽缸异响，异响严重时必须拆检修复。

（2）活塞销响

活塞销响是较尖脆的金属敲击声。其主要原因是活塞销与连杆衬套或活塞座孔配合间隙松旷所致。在加机油口处查听时，若响声不明显，可提早点火时间使响声明显；用旋具逐缸断火，若响声减小或消失，而当旋具突然离开火花塞时又立即有敲缸声，即可断定为该缸活塞销响。

（3）连杆瓦响

连杆瓦响为较沉重、短促、清脆的金属敲击声，其主要原因是润滑不良、间隙过大或合金烧蚀脱落等。在中速运转时用旋具逐缸断火，可检查出响声部位。若两个汽缸发响，用旋具将其中一个汽缸断火，声音减弱，则说明此汽缸异响；也可拆下油底壳查看轴瓦有无松旷。

（4）曲轴瓦响

曲轴瓦响声沉重发闷，在改变转速时响声明显，当突然加大油门时响声更为明显，突然关小节气门时出现沉重的"当当"响声，伴有发动机振抖现象。从加机油口处查听，反复改变转速，将相邻两个汽缸同时断火，若响声明显减小，则为该道油瓦松旷。随温度升高，油膜黏度减小，响声将增大。轴瓦磨损严重时，机油压力会明显下降，发动机振抖。

（5）漏气响

发动机在加大油门运转时，从加机油口处听到曲轴箱内发出连续的漏气响声，同时加机油口中脉动地往外冒烟；关小油门，响声即减弱或消失。其原因是其缸壁与活塞环间隙过大，密封不严，部分高压气蹿入曲轴箱而发出冲击声。

2. 发动机功率不足及行驶无力

发动机功率不足的故障特征：当叉车重载情况下，发动机动力明显不足，重踩加速踏板时，动力不能迅速提高；排气感觉沉闷，运行无力，油耗直线上升；停下来空轰加速踏板时，又没有不畅的感觉。

（1）发动机功率不足的故障原因

①油路、电路有故障。具体包括：油路不畅通，进气受阻，造成混合气过稀或过浓是直接影响发动机动力不足的原因；发动机有异响，点火时间过迟或触点间隙过小或过大，活动触点弹簧臂弹力过弱，发动机排气歧管垫漏气等；高压分线漏电或脱落，分电器插孔漏电或窜电；分电器凸轮磨损、不均或火花塞积炭过多，裂损漏电等。

②汽缸压力不足。具体包括：缸垫不密封，漏气；缸盖螺栓松动；缸垫烧蚀；气门不密封，漏气；气门座圈烧蚀，漏气；气门弹簧过软，工作不良；气门座圈松脱；活塞与汽缸不密封，窜气；活塞环咬死或对口；活塞环磨蚀过限或弹力过弱；汽缸磨损；配缸间隙超差等。

③配气相位失常。具体包括：发动机正时齿轮标记位置不对，装配不当。

④少数缸不工作。具体包括：高压分线损坏、漏电或脱落，火花塞工作失效，气门间隙失常等。

⑤发动机温度过高。具体包括：水泵、节温器工作不良，传动带打滑，冷却系统水垢过多等。

⑥叉车严重超载运行。

⑦底盘故障。具体包括：离合器打滑，制动发咬，各部润滑、调整不当，轮胎气压过低。

（2）发动机功率不足故障的检修

①首先检查离合器是否打滑，制动是否拖滞，轮胎气压是否正常。必要时予以处理。

②检查冷却水温度是否过高，节温器工作是否失效。

③检查点火系统工作是否正常，断电器触点间隙是否正常，有无烧蚀或歪斜。检查点火线圈和电容器是否良好，将分电器中央高压线拔出距缸体 6～8 mm 试火，若火花强，则点火线圈和电容器均好。检查火花塞电极间隙是否过大及绝缘部分有无裂损，必要时更换新件。

④检查汽化器节气门开闭是否灵活，开度是否正常，喷油孔是否堵塞，浮子室油面是否过低；检查空气滤清器、汽油滤清器是否堵塞，必要时予以调整或修复。

⑤在上述检修仍不能排除故障时，应拆检汽缸活塞连杆组，检查活塞配缸间隙、活塞环磨蚀情况以及配气相位是否失常。按技术规范予以装配、调整和修复。

三、叉车传动系统常见故障的检修

1. 叉车离合器常见故障的检修实例

叉车离合器故障是叉车维修中较常见的问题，能根据叉车使用过程中离合器所产生的异常现象，准确地分析、判断并找出引发故障的真正原因是离合器维修的关键。离合器出现打滑、发抖、分离困难、踏板力过大和踏板不回位等是离合器常出现的故障。这些异常现象表明离合器中的某些零部件可能是在不正常的状态下工作，或者是这些零部件受到了损伤和破坏。

（1）离合器打滑

离合器打滑故障出现时，摩擦片处于不完全结合状态，不能可靠地传递转矩，叉车表现明显动力不足；拉紧手刹车挂上挡，能徐徐地抬起离合器踏板，随之慢慢加大油门，发动机不熄火还继续旋转；起步时，离合器轻抬后能起步行驶或重载爬坡感到车轮转速跟不上发动机；离合器片有焦味等现象。其原因有：分离轴承端部与分离杠杆之间没有间隙，分离轴承端部始终压在分离杠杆上，致使压盘压不紧摩擦片；摩擦片表面挠曲变形；摩擦片严重磨损；离合器表面粘有油污或烧蚀变形，摩擦系数下降，动力传不出去；弹簧失效，弹力下降，使离合器压盘压力不足；离合器踏板自由行程消失或过小。

检修时首先用脚踏离合器踏板，若无自由行程，则因为分离轴承端与碟形弹簧失去间隙，始终压在其圆锥指上，致使压盘压不紧从动盘的摩擦片而打滑，可将离合器拨叉间隙调至 15～25 mm，调整部位在离合器放松转臂末端的离合器拉索调整至螺母上。摩擦片上有油污导致打滑时，可用干净布擦拭干净。油污严重则予更换新件。摩擦片磨损过限打滑，若磨损未到 0.5 mm 时，摩擦片表面很光，可用砂布研磨，增加其表面粗糙度，否则应更换从动盘总成。如碟形弹簧弹力不足而压不紧摩擦片时，必须更换碟形弹簧。压盘或飞轮表面挠曲变形，衬片结合，只能局部接触而压不紧，发动机功率就输不出去，需拆解检修，消除变形量，然后重新按规范调整。离合器操纵机构如有变形或发卡，应予以矫正或排除。

（2）离合器分离不开

在驾驶员操作正确和变速器技术状况良好的情况下，换挡时变速器齿轮发出撞击声，使换挡困难或根本无法换挡，即叉车不能完全切断动力传递，出现起步困难或发动机熄火现象。引起以上故障的原因有：摩擦片过厚，铆钉头已露出平面卡滞；踏板自由行程过大，使工作行程过小；分离转臂调整不当；分离杠杆内端不在同一平面或与分离轴承间隙过大等；摩擦片与压盘有挠曲变形，致使局部接触而脱离不开；从动盘花键在变速器一轴键槽内不灵活滑动或离合器片安装不妥而出现踏板沉重，分离不彻底；分离轴承烧蚀或拨叉损坏，调整不当而卡滞；碟形弹簧使用过久变软或圆锥指从根部断裂等。

检修中发现以上原因时，应采取措施分别予以排除。如按规范调整自由行程，分离杠杆与轴承平面间隙；若踏下踏板时用旋具拨离合器片时，感觉阻力不均，是因为摩擦片和压盘挠曲变形，使局部接触而脱不开。机件磨损变形损坏时，应予以更换新件。

（3）离合器发抖

离合器发抖是指当离合器按正常操作平缓地接合时，叉车不是逐渐平滑地增加速度，而是间断地起步，甚至使叉车产生抖动，而且直到离合器完全结合时才停止抖动；起步时结合不平稳，车身发生振抖的现象。发生上述现象有以下原因：飞轮和压盘表面烧蚀变形；碟形弹簧弹力变弱，导致离合器压紧力分布不均；压盘或摩擦片表面沾有油污而接触不良；膜片弹簧弹力消失，工作失效；铆钉松动，衬片接触不良；变速器和飞轮壳固定螺母松脱及发动机支脚松动，就会使曲轴中心线与变速器输入轴的共同中心线及传动轴的交角发生变化而影响传动，导致离合器发抖。

发现以上原因，应分别采取相应措施，必要时更换损坏的零部件。

（4）离合器异响噪声

叉车运行中离合器内发出不正常的异响噪声，多出现在离合器接合或分离的过程中以及转速变化时，多是分离轴承润滑不良或零部件间不正常摩擦及碰撞而产生的，一般声音比较清晰。其原因有：长期使用后分离轴承磨蚀损坏；摩擦片烧蚀开裂或经常处于接合状，导致运转时晃动而出现噪声；压盘或膜片弹簧松动，运转中产生撞击振动；离合器操纵机构状况不良有刮碰现象等。

应根据异响的不同及产生的条件，判断出异响产生的部位及原因，采取相应的检修措施予以排除，必要时更换新件。

2. 叉车自动变速器常见故障的处理

叉车自动变速器的结构较复杂，故障原因涉及面广，常见的故障多集中在液压控制系统堵、漏、卡的执行元件的磨损或失调等方面。在诊断中，液压试验是故障诊断的重要手段之一，而机理分析是正确诊断的前提，熟知结构是正确诊断的关键。排除故障的具体方法一般是调整或更换元件。

（1）漏油

叉车使用中，常见自动变矩器有外漏现象，这一般是侧盖密封不良所致，更换密封件时，尤其要注意清洁。若在变速器与发动机一侧漏油时，应更换泵轮凸缘上的垫片，为避免凸缘歪斜，安装时交替均匀地拧紧固定螺钉，并达到规定的转矩。

（2）离合器油缸油压力过低

挂挡和换挡后不能立即提高车速，这主要是油面太低、离合器调压阀失灵、滑阀卡滞或调整不当所致。应及时予以检修、调整或更换部件。

（3）离合器摩擦盘烧蚀，润滑油变质或变色，工作油温过高

使用不当，转速过高，主、从动盘同步时间过长而使摩擦盘烧蚀。使用

中,润滑油变质或变色的原因是高温、氧化和磨料污染,离合器滑转或分离不彻底,滤清器或冷却器堵塞,泵轮、涡轮和导轮端面发生摩擦或冷却风扇不转动等。应查明摩擦或磨料的部位,养护时应更换润滑油。

(4) 变扭器油压过低

油面过低,变扭器调压阀失灵,密封损坏。

(5) 变扭器箱内油面逐渐上升

液压油流入变扭器箱内时,应更换油泵油封。

(6) 挂入行车挡无驱动反应

应分解自动变速器,检查是否手动阀失调而引起不能进入工作挡位;检查液力变矩器是否损坏;分解阀体,检查是否油路堵塞、油压失调或油泵失效等。叉车液力变矩器、变速箱漏油的故障排除见表3-2。

3. 叉车传动故障的维修实例

(1) CPCD5A型叉车变矩器常见故障的诊断与排除

表3-2 叉车液力变矩器、变速箱漏油的故障排除

原因	检查方法	排除方法
油封损坏	拆卸并检查,油封唇口或其滑动的配合部分损坏	更换油封
壳体连接不正确	检查	拧紧或更换垫片
接头和油管松动	检查	拧紧或更换垫片
排油塞松动	检查	拧紧或更换垫片
油从通气孔喷出	排出油并检查油中是否混进水,检查吸油接头中是否吸入空气,检查通气装置的通气孔	换油、拧紧或更换填料修复
油量过多	检查油位	排出过多的油

注(1):CPCD是一般的叉车。C:叉车;P:平衡重;C:柴油机;D:吨位。CPCD5A型叉车就是承重5吨的平衡重柴油内燃机叉车。这是较常见的叉车。

CPCD5A型叉车在使用中,常见变矩器有以下典型故障,其诊断与排除方法如下:

①叉车无法做任何动作。其原因是:连接发动机和变矩器的齿圈上的20个齿全部折断。排除方法:更换齿圈和橡胶套,并视情况更换与之配套的连

接盘。

②变矩器油温过高。其原因是：油位不适当；液力传动油散热器、滤油器或管路堵塞；导轮卡死；导轮组内超越离合器无滚柱或弹簧。

排除方法：加油或排油至规定油位；清洗或更换散热器、滤油器及管路；拆检导轮组内超越离合器，更换或补装滚柱和弹簧。

③变矩器漏油。其原因是：隔板外缘的 O 形密封圈或隔板中央的骨架油封损坏；导轮座上的钢质密封环磨损过大。

排除方法：修理或更换变矩器；更换钢质密封环。

④液力传动油中有大量金属粉末。其原因是：变矩器涡轮毂背面的固定螺栓松动，突出部分刮伤连接盘内表面；变矩器泵轮座内的两个轴承严重松动，导致泵轮、涡轮和导轮之间发生碰撞；垫在泵轮和第三导轮组之间的齿形垫圈磨损，形成"台阶"，"台阶"处厚度减少 1 mm 以上，造成第二导轮组可以轴向移动，与泵轮和第一导轮组碰撞；变速器底部的金属滤网损坏，碎裂的网丝通过油道进入变矩器工作空间，在高速运转中受到变矩器各工作元件的挤压和碰撞，形成结块，并产生大量金属粉末和碎片。

排除方法：紧固涡轮毂背面的固定螺栓；更换两个轴承；更换齿形垫圈；更换滤网以及被磨损的元件；清洁液力传动系统各部分油道。

（2）CPCD5A 型叉车变速器常见故障的诊断与排除

①变速器进油压力低，行车无力。其原因是：变矩器进油阀阀芯磨损，油液泄漏；行车液压齿轮泵严重磨损；变速器中的离合器工作油路密封不良。

排除方法：研磨进油阀阀芯或更换进油阀；更换液压齿轮泵；更换离合器油路中的密封件。

②叉车无法行车。其原因是：换挡滑阀阀芯主油孔堵塞，压力油无法进入各挡离合器；如果是在踩刹车以后叉车不能行车，则可能是制动滑阀内弹簧太软或折断，造成施加制动力后制动皮碗不能回位，制动滑阀始终处于制动状态，切断了离合器进油油路。

排除方法：疏通换挡滑阀阀芯，必要时更换变速器盖，在制动滑阀内按要求安装较硬的弹簧，并更换制动皮碗。

③变速器有"黏挡"现象。其原因是：油液中有大量金属粉末，堵塞了

前进Ⅰ挡离合器输入轴润滑油道，致使前进Ⅰ挡离合器主、从动摩擦片烧结，离合器始终处于结合状态，输入轴和输出轴无法脱离接合，造成"黏挡"现象。

排除方法：解体修理变矩器和变速器，重点清洁各零部件和油道。更换烧毁的离合器摩擦片。

④挂挡后行车起步时有较大冲击。其原因是：缓冲阀阀芯表面起毛刺，阀芯不能平滑移动；缓冲阀阀芯磨损过大，压力油未经缓冲直接进入离合器工作油路，造成冲击。

排除方法：配置或更换缓冲阀阀芯并清洗变速器进油油路。

⑤变速器中有敲击声。其原因是：齿面磨损致齿侧间隙过大，轴承松动使某一齿轮轮齿折断。

排除方法：按技术要求检查各零部件磨损及安装情况，必要时更换轴承和齿轮，重新安装试车后，达到声音均匀即可。

（3）CPCD3L型叉车动力换挡变速箱常见故障的分析

CPCD3L型叉车在使用中，常见动力换挡变速箱有以下典型故障，其诊断与排除方法包括如下几个方面。

CPCD3L型叉车传动部分的故障，多数是由该部分变速箱故障引起的。该型叉车采用动力换挡变速箱，变速箱与液力变矩器相连接，采用多片湿式摩擦离合器，换挡离合器采用液压操作。从液压泵出来的工作油经压力阀调定压力为135~150 kPa。进入操纵阀，当操纵阀杆处于前进位置时，工作油进入前进挡离合器，使离合器主、从动摩擦片结合，传递转矩。当操纵阀杆处于后退挡位时，工作油进入后退挡离合器。制动时，各离合器的工作油从操纵阀的回油通道流回油箱，前进挡和后退挡离合器在回位弹簧作用下恢复原位。离合器的主、从动摩擦片分离。

①行走操纵阀手柄无论扳到前进挡还是后退挡，叉车行走部分均不动作，即挂挡后不走车。

原因：变速箱液压泵滤油器堵塞或进油管路堵塞。

排除方法：清洗滤油器和变速箱积油底壳或取出进油管路中的异物。

②离合器压力低、打滑。

原因：变速箱油路系统的正常压力应为 135~150 kPa。

排除方法：更换液压泵或调整压力阀。

③变速箱输出轴花键磨损，连接盘的内花键磨损，引起连接盘打滑，动力输不出。

原因：花键磨损严重。

排除方法：换花键轴或换连接盘。

④当将行走操纵阀手柄扳到前进挡或后退挡，叉车只能前进不能后退或只能后退不能前进。

原因：后退挡离合器或前进挡离合器摩擦片变形或压紧力不够，从而引起离合器打滑。

排除方法：更换后退挡或前进挡离合器的摩擦片。

⑤后退挡或前进挡离合器液压缸活塞密封环磨损过大或"烧死"致失掉弹性。

原因：密封环使用时间过长或使用太频繁导致过热。

排除方法：更换活塞密封环。

⑥发动机启动后，行走操纵阀手柄无论是挂在空挡、前进挡或是后退挡，叉车均向后行驶或均向前行驶。

原因：后退挡或前进挡离合器咬死，变速箱离合器摩擦片烧结在一起。离合器装配过紧或离合器分离弹簧的作用力过小，致使摩擦片分离不开。

排除方法：更换离合器摩擦片或换离合器的分离弹簧。

⑦发动机怠速时，行走操纵阀手柄无论挂在前进挡或后退挡，叉车都行走乏力，当发动机油门加大、转速提高时，叉车不能行驶。

原因：通向行走液压泵的进油软管被夹瘪，致使发动机怠速时液压泵流量不足，使叉车行走乏力；发动机油门加大，转速提高时液压泵吸空。

排除方法：行走液压泵进油管从变速箱到液压泵吸油口之间的一段是容易被夹瘪的部位，在软管的这部分应套一根蛇皮管，以防止拐弯处软管被夹瘪。另外，在行走液压泵进油口与变速箱底部油管的连接处，往往由于软管卡扣没有固紧，一旦进去空气也会造成液压泵吸空，使叉车行驶乏力。

叉车传动系统常见故障的检修见表3-3。

表3-3 叉车传动系统常见故障的检修

现象		可能原因	排除方法
变速箱	变速箱挂不上挡	1. 挂挡压力不够	1. 挂挡压力不够
		（1）调压阀压力过低	（1）调整至 8~15 kg/cm²
		（2）油泵工作不良，密封不好	（2）修理油泵，更换密封件
		（3）油管/油路阻塞	（3）清洗滤网和油管路
		（4）离合器密封圈损坏泄漏	（4）更换密封圈
		（5）离合器活塞环磨损	（5）更换活塞环
		2. 离合器打滑	2. 离合器打滑
		（1）摩擦片烧毁或变形	（1）更换摩擦片
		（2）挂挡压力不足	（2）按上述方法排除
	变速箱挡位脱不开	1. 离合器摩擦片烧毁	1. 更换离合器摩擦片
		2. 回位弹簧损坏	2. 更换回位弹簧
		3. 回油路堵塞	3. 清除油路及滤油器污物
	变速箱过热	1. 油量不足	1. 加足变矩器油
		2. 离合器摩擦片打滑或烧毁	2. 更换摩擦片
		3. 轴承、齿轮损坏	3. 更换轴承或齿轮
	变速箱噪声过大	1. 齿轮、轴承损坏	1. 更换齿轮或轴承
		2. 轴承松动	2. 调整
变矩器	传递功率下降	1. 油液变质或杂质过多，黏度不合格	1. 更换油液
		2. 油的进出口压力不足	2. 检查进出口调压阀是否损坏如损坏应及时修理或更换
	变矩器油温过高	1. 导轮卡死或运动不灵活	1. 检查、修理或更换导轮
		2. 工作油液不符合要求	2. 更换工作油
		3. 油液不足	3. 添加油液
		4. 冷却油路堵塞	4. 排除油路堵塞物
		5. 内漏严重	5. 检查，更换故障件

四、叉车制动系统的常见故障排除方法

1. 制动不灵

排除方法：应按不同情况逐项检查排除。如制动踏板自由行程太大，应调整到规定值 5～15 mm；总泵挺杆前端与活塞间隙太大或太小，应通过偏心螺栓调整间隙为 (2±0.5) mm；制动管路内有空气或漏油，应放去空气或修理漏油处；制动蹄过度受损时应更换；制动鼓与制动蹄片间隙过大或偏移时，应调整到规定的间隙值 0.2 mm；两轮不同时制动，应调整间隙，并放去管路内空气。

2. 制动跑偏

车轮制动时，同轴上左右轮制动力矩不均衡引起效果不同，转向盘上有明显的转动推手感觉。叉车向路面一侧歪斜，是因为另一侧车轮制动器或分泵有故障。常见的原因有：一是制动间隙调整不均，两侧制动力矩不等；二是个别轮摩擦片上沾油、硬化或铆钉露出；三是左右轮胎气压不均或胎面磨损不一；四是制动器主要零部件加工精度低，装配调整不当等。

叉车行驶中紧急制动时偏向路面一侧，即为另一侧制动不灵，也可查看路面拖压印迹，拖迹短的一侧为制动不灵。此时查看不灵车轮有无漏气、渗油，从观察孔查看鼓、片有无油污，配合间隙是否正常。应根据故障实际情况逐项修复。

3. 制动拖咬

行驶中制动踏板踩到底，当松开制动踏板后，制动器块不能很快地与制动鼓脱开，制动力不能立即消失，车轮不能正常驱动，起步困难；一抬油门叉车就急剧降速，以致制动器块与制动鼓加速磨损。行驶一段里程后，用手抚摸制动鼓感到发热，叉车行驶无力。制动拖咬有以下两种情况。

（1）两个车轮都发生制动拖咬

这是由于总泵的故障所引起。总泵出现故障时，各分泵内的制动液不能顺畅流回总泵，制动器块张开后无法完全恢复或者不能很快恢复，以致制动

器块与制动鼓摩擦导致车轮受阻。总泵有两种故障极易引起上述现象，第一个故障是总泵皮碗胀大，使活塞不能在总泵缸中往复移动，以致各分泵内制动液流回时被皮碗所阻；第二个故障是总泵回油孔堵塞或部分堵塞，以致各分泵流回的制动液在总泵缸容纳不下时，无法自回油孔退回储油室。产生第一个故障的原因是皮碗或制动液质量不好；产生第二个故障的原因是总泵缸内积有脏物或皮碗尺寸不适当，将回油孔遮挡。除总泵的故障外，踏板回位弹簧或总泵回位弹簧太软，也可引起轻度的制动拖咬。

（2）两轮之一发生制动拖咬

如果单个车轮发咬，其毛病多出在车轮制动器内。如回位弹簧过软或折断，支撑销变形或锈蚀及其制动间隙过小；分泵皮碗发胀，油管阻塞，制动器块回位弹簧太软，使制动器块不能恢复原状都可导致制动拖咬。若个别车轮发生制动拖咬，就必须在拆卸车轮后，拆下分泵检修，根据故障的部位和特点，按原厂技术规范分别调整和修复。

4. 制动噪声

主要由于叉车使用制动过于频繁致使制动鼓发热、摩擦片硬结焦化。该硬结焦化层与制动鼓摩擦，在制动时伴随较强烈噪声，与此同时，制动效能明显衰退，这是摩擦片与制动鼓滑磨和挤压的结果。此外，还与制动底板的变形、装配和调整不良、接触位置不当、接触部分有效面积减少、各间隙失调等有关。

出现制动噪声时，应严格按照技术规范立即进行检修，装配中应保证摩擦片两端先接触，使接触部分有效面积不低于50%，制动时摩擦片与制动鼓能平顺接合，并按规定进行间隙调整。

5. 手制动失灵

手制动失灵的现象是：叉车在小于20%坡道上用手制动不能停车。

原因及排除方法：制动蹄片过度磨损时，应重新更换制动蹄片；制动鼓间隙过大或偏移时，应按照脚制动调整间隙方法调整至规定间隙值；拉杆过松时，应调整拉杆或横拉杆，使手制动器操纵杆系适合行程的需要。

五、叉车转向系统故障的检修实例

1. 叉车转向系统常见故障检修

（1）叉车转向系统故障的现象特征

常见的转向系统故障有转向沉重、行驶摆头、行驶偏向、转向不足等。

（2）CPCD5A 型叉车转向液压传动系统典型故障的诊断与排除

CPCD5A 型叉车在使用中，常见转向液压传动系统典型故障的诊断与排除方法如下：

① 转向沉重。其原因是：油箱内油量过少；转向液压齿轮泵严重磨损；液压齿轮泵额定流量偏小；流量控制阀中的溢流阀调定压力过低或溢流阀阀芯被脏物卡死。

排除方法：加油至规定的油面高度；检查并更换合适的液压齿轮泵；调整溢流阀压力或清洗溢流阀。

② 转向失灵。其原因是：转阀式全液压转向器弹簧片折断，转向盘不能回到中位；转向轴轴向顶死阀芯；转向液压缸活塞密封件变形或损坏，油压无法作用到活塞上，造成转向盘空转而转向轮不转。

排除方法：更换弹簧片；检修转向轴，必要时更换；解体转向液压缸并更换活塞密封件。

③ 转向盘压力振摆明显增加，有"打手"现象。其原因是：全液压转向器连接销折断或变形；联动轴开口折断或变形。

排除方法：更换连接销；更换联动轴。

④ 转向轮晃动。其原因是：转向液压缸中有空气进入；车轮轴承及机械连接部位发生磨损。

排除方法：检查转向液压齿轮泵进油管有无接错或有无裂纹；排放掉转向液压缸液压油内存在的空气；更换被磨损的零部件。

（3）叉车液压系统常见故障分析与排除

详见表 3-4。

2. CPCD5A 型叉车工作液压缸的典型故障

CPCD5A 型叉车在使用中，常见工作液压缸有以下典型故障，其诊断与排除方法如下：

①起升液压缸不能起升，同时倾斜液压缸不能倾斜。其原因是：组合式多路换向阀中的先导式溢流阀阻尼孔被堵塞，造成溢流阀主阀芯关不死；溢流阀的先导阀阀口密封不好，导致主阀始终开启，油液泄漏回油箱。

排除方法：疏通阻尼孔，检查油液的清洁度；配置先导阀阀芯与阀座或更换零件。

②起升液压缸间歇性起升，并伴有尖锐的啸叫声。其原因是：液压油箱中油量不足；液压齿轮泵进油管接错，吸入空气；液压齿轮泵磨损严重，吸油能力降低。

表3-4 叉车液压系统常见故障分析与排除

故障部位	现象	原因	排除方法
油泵	液压系统压力不足	零件磨损太大	拆开油泵进行检查，修理或更换磨损的零件
	泵中有敲击声或噪声	轴承损坏，齿轮刮泵体	拆泵检查，如轴承损坏须更换
	供油不足或断油	油泵吸油管路变形，通道变小，或吸油管堵塞	清除堵塞污垢或更换新的管路
		轴承损坏，齿轮刮泵体，造成间隙过大，内漏严重	轻者更换轴承，严重者需要更换齿轮泵
		轴承、齿轮损坏，齿轮与泵体卡死	
多路换向阀	液压系统的压力不足，即当操纵多路换向阀手柄时起升或倾斜无力或动作迟缓	多路换向阀、安全阀的压力调整很低	用压力表检查液压系统的压力。若压力不足应调整安全阀，使其压力在液压系统内达120 kg/cm^2
		安全阀、弹簧损坏或产生永久变形	检查弹簧，必要时更换新的
		阀的锥形面损坏	重新研磨阀或阀体锥面
		控制阀杆与孔的磨损严重	检查阀的内漏情况，内漏严重，则换新阀杆或将阀杆镀铬重新配置

续表

故障部位	现象	原因	排除方法
转向助力器	转向盘转动费力或转不动	助力器与车架碰撞助力器失灵 （1）安全阀的调整压力太低 （2）安全阀、弹簧损坏或产生永久变形 （3）安全阀锈蚀、卡住或阀座损坏 （4）助力器油泵发生故障 （5）活塞杆或活塞与油缸卡住 （6）滑阀与多槽套卡住 （7）耐油橡胶密封损坏 （8）滑阀弹簧损坏	检查是否有碰撞现象。若已碰撞则应把其位置调准，并紧固各点；若活塞杆已弯曲则换新的 排除助力器故障 （1）重新调整安全阀的调整压力 （2）更换新弹簧 （3）拆开检查，必要时更换新的 （4）见油泵故障 （5）将车顶起使转向轮离地，先检查转向拉杆有无毛病，然后转动方向盘看其能否工作，如不能则应拆下助力器进行检查并消除故障 （6）拆下修理或更换 （7）更换 （8）更换
工作油缸	油缸漏油	密封圈损坏或磨损	更换
	升降倾斜困难	柱塞与导环卡住或活塞弯曲	若卡住，可处理或更换；若弯曲，则可校直或更换
	柱塞下降太快	节流阀不起作用	拆检节流阀，若损坏应更换
	起升和倾斜均不工作	差压阀小孔被污物堵塞	拆开安全阀，清除污物，并保持油液清洁
		油泵供油中断	按油泵故障检查并排除
液压系统	转向轮不能转向或转向费力	助力器失灵	见转向助力器故障
		助力器油泵发生故障	见油泵故障
	多路换向阀操纵阀推不动或费力	滑阀被卡住	见多路换向阀故障
		阀端的弹簧损坏或脱落	更换
	门架自发倾斜	倾斜油缸的密封被损坏	更换
		多路换向阀内漏严重	修理或更换
	起重货物无力	油泵失效	见油泵故障
		升降缸密封损坏	更换密封件
		多路换向阀安全阀失灵	见多路换向阀故障
		管路漏损	检查管路，必要时更换，若接头松动，则应拧紧

排除方法：加油至规定油面；正确连接液压齿轮泵进油管；检查并更换液压齿轮泵。

③有负荷时门架自动下降或前倾。其原因是：多路换向阀内部泄漏，导致两个起升液压缸一起下降；某一个起升液压缸的活塞密封件变形或损坏，液压油都从该液压缸的回油口流回油箱。

排除方法：更换多路换向阀；拆下任意一个起升液压缸的回油管接头，如果在门架下降过程中该接头油液大量流出，则证明是该液压缸密封不严，应更换活塞密封件。

④某一个液压缸工作时发热严重，将液压缸活塞杆与门架分离后再试车出现"爬行"现象。其原因是：活塞杆不直；缸内壁拉毛，局部磨损严重或锈蚀。

排除方法：将活塞杆置于"V"形铁上，用千分表校正调直，严重者更换活塞杆；对液压缸内壁进行磨缸处理或者更换，按要求重配活塞。

六、叉车起重系统故障的检修实例

1. 起重系统的常见故障检修

在叉车使用中，常见起重系统可能产生的故障具体反映在以下四个方面。

（1）升降速度发生明显变化

起重系统的升降性能要求为：满载最大起升速度大于等于 21 mm/s，最大下降速度小于等于 24 mm/s。超出此范围时，说明有故障产生。在起升过缓或降速过快的情况下，可检查安装在升降缸底座上的限速阀，在滑阀中的回位弹簧刚度值低于设计要求，滑阀与阀孔配合过紧的情况下，滑阀将不能全开，造成升速过缓。如滑阀的节流孔过大，则将造成下降速度增大。如节流孔被脏物堵住，也可能造成下降速度大大低于标准值，影响叉车作业效率，这也是不允许的，需及时排除堵塞所造成的故障。如门架侧滚轮、主滚轮与门架配合间隙过小，则会由于摩擦力的增大而影响升降速度，甚至会引起轻载时叉架卡住不能靠自重下滑，在这种情况下，需将侧滚轮垫片组重新调整，以获得较大的侧隙。如果是由于主滚轮卡在门架槽钢中不能下滑，可做若干次满载升降动作，此故障基本能排除。

(2) 下滑量、自倾角过大

各型号叉车起重系统的满载货叉下滑量及自倾角的性能要求，必须在厂家规定的范围内，否则即可认为有故障产生，需及时排除。造成下滑量及自倾角增大的原因，主要是升降缸、倾斜缸或多路阀内漏。排除的方法是需将造成内漏的密封件更换掉。除此以外，在高压管路中有渗油现象也会造成上述故障，不过这种情况比较直观，易于排除。

(3) 振动噪声大

叉车在长期的频繁作业后，部分紧固件产生松脱现象，由于摩擦滚动间隙变大，造成剧烈的振动现象及噪声，只要将松脱的紧固件重新紧固，侧滚动间隙调整到规定要求，即可消除。

(4) 叉架产生歪斜现象

叉架产生歪斜现象直接影响到叉车整车稳定性，特别是在达到最大起升高度时影响格外明显，需引起注意。产生此故障的主要原因是左右两轮胎气压不等，只需重新补气将两轮胎气压调整相等即可消除此故障。

2. 叉车工作装置无动作

某 3t 叉车在使用过程中，突然液压工作装置失灵，升降及前后倾角均无动作，但转向系统工作正常。

据知此叉车：液压齿轮泵工作正常，工作装置与转向系统共用一个液压泵。因该故障是突然发生的，不论怎样加大油门，工作装置都没有动作，由此判断，起升油缸和倾斜油缸没有问题，因此将故障范围缩小到分配阀和换向阀上。分配阀共有四个接口，即一个进油口、一个回油口、两个出油口，其中一个出油口通向转向系统，另一出油口与换向阀相连通向工作系统，因转向系统正常，由此可判断通向转向系统的这一油路肯定没有问题，最后将故障集中到分配阀、换向阀的工作系统这条油路上来，一种情况可能是分配阀出现问题，阀芯卡死，导致不能复位，因此泄油；另一种情况可能出现在换向阀，如果换向阀中的安全阀芯卡死，油可直接溢流回油箱。当打开分配阀与换向阀之间的液压油管后发现，此管路中的油流很小，不管怎样加大油门都没有什么变化，由此判断，问题出现在分配阀上。经拆检后发现，是由于装配液压阀芯有问题，使阀芯卡死所致，经仔细清洗后按规范装复，故障才完全消失。

3. 叉车内门架不回位

某 CPQ3 型平衡重式叉车，由同一液压控制阀集中控制双液压缸的起升。在正常使用过程中出现了内门架不能下降回位的故障，在空载正常起升速度情况下，叉车的叉架起升高度超过其 2/3 有效行程时，叉架只能继续起升而无法下降，而且叉架起升速度越快，故障现象越明显，此时叉车的起升能力没有受影响。如果缓慢起升叉架，则无此故障现象。经过检查，叉架结构无损伤或变形缺陷。

由于叉架在缓慢上升的情况下故障现象消失，所以可排除由门架损伤和变形或起升平衡链条调整不合适引发故障的可能性，可以初步判定内门架不回位故障是由起升液压缸不能正常工作造成的。起升液压缸工作不正常，一般是由于活塞或液压缸损伤、变形、泄漏，控制阀故障，气阻或油管路不畅通等原因引起的。而根据叉架在缓慢上升时故障消失以及起升能力没有受影响，可以判定故障原因是液压管路不畅通。

经对起升液压缸进油管路进行拆卸检查发现，其中一个液压缸的进油管路的接头处黏附有异物，影响了供油流量。当集中控制阀供油时，两个液压缸形成压力差，引起两个液压缸在快速起升时起升力和起升速度不同步，从而造成内门架在起升过程中逐渐发生歪斜，并与外门架卡咬，致使不能下降回位。当清除该异物后，重新试车，故障消失，叉车又恢复了正常的使用状态。

4. 叉车门架起升后自动下降

某叉车门架自动下降故障，在多次维修中，每次都利用升高门架，松开两个起升液压缸回油管接头来判断是哪个液压缸内部泄漏，并据此来更换活塞密封件。现用同样的办法检查，结果证明起升液压缸无泄漏。在起升液压回路中有齿轮泵、多路换向阀和起升液压缸这 3 个液压元件，若齿轮泵和起升液压缸均正常，故障只能出在多路换向阀上。

当升高门架并拆掉多路换向阀总回油口接头后，在门架下降过程中可以看到有少量液压油持续、缓慢地流出，如果用钢管顶住门架使之不能下降则液流停止，据此判断是多路换向阀中的单向阀或起升控制阀出现了故障。

5. 叉车门架、货叉没有动作

叉车在比较恶劣的工作环境中运行一段时间以后，常常会出现当扳动多路换向阀手柄时，叉车液压工作系统所带动的门架、货叉没有动作的现象。遇到这种情况，切忌盲目拆卸，应本着多分析、多判断，先拆易、后拆难，尽量少拆的原则处理；按先发动机，后换向阀、机油箱，最后液压泵的顺序检查。这样可以收到省时、省力、忙而有序的效果。

（1）检查发动机

首先通过发动机声音来判定其工作是否正常，再检查叉车的运行情况和爬坡能力。最后检查发动机转速。通过上述这些手段或者直接通过自己的经验判定，排除发动机的因素后，进行下一步的检查。

（2）检查换向阀

拆下换向阀进油阀片后面的堵盖，检查阀片内各构件是否有卡死或堵塞的现象，如有，则清洗排除；如没有，应排除换向阀故障，进行下一步检查。

（3）检查机油箱

打开机油箱盖，没有盖的打开加油机。启动发动机，扳动换向阀控制手柄，查看油面及回油情况。如果油面有较大波动，且有回油，可判定为液压泵内部磨损较大，产生的压力较低或不产生压力，此时可以更换或修复液压泵；如果油面有较大波动，但不回油或有不规律的少量回油，应判定是液压泵吸油滤网被脏东西堵住，可把油箱中的油放掉，将滤油网和油箱清洗干净，把油过滤一下再用，也可更换新机油；如果油面平静，也没有回油，可判定是发动机在工作而液压泵没有工作，发动机与液压泵之间的传动链脱节，可能是滚键或钢球键掉下等原因，需要检查液压泵。

（4）检查液压泵

与前面的几道工序相比较，拆卸液压泵比较困难，所以把它放在最后。拆下液压泵后，查看它与传动件连接的情况，如传动件没有问题，再将液压泵解体，检查内部磨损情况，以便决定修复或更换，必要时予以修复。

七、叉车发动机点火系统常见故障的检修实例

发动机点火系统的故障现象和产生的原因是错综复杂的，有时一种现象包括很多原因，有时一种原因产生多种现象，但归纳起来不外乎低压电路断路、短路或搭铁，高压电路机件漏电，火花塞损坏和点火正时不准、错乱等。点火系统常见的故障有断火、缺火、火弱、点火正时不适等。

点火系统常见故障分析见表3-5。

表3-5 点火系统常见故障分析

部位	现象	原因	处理
蓄电池	启动不着车 电路不通，突然熄火 无电或喇叭微弱，灯光暗淡	电压不足 连接线路断路或接触不良 极柱接线不良	补充电逐步查找检修排除
启动开关	启动困难	接线不良	重新安装
电流表	表指针不动，启动困难	接线不良或绝缘损坏	重接或修换
点火开关	启动困难	接线不良，附加电阻线接错或烧损	重接或修换
点火线圈	温度高，触摸烫手高压无火花或火花弱突然熄火	烧蚀损坏 接线不良或接错	对比法检验，重接或修换
电容器	白金触点烧蚀、高速断火、运转不良、行驶无力	接线松动、击穿	更换和修复
高压线	火花弱或无火花，转速不均，机器振抖	插孔脏污或击穿、漏电及脱落、接触不良	换件修复
火花塞	火花发红或断火，运转不正常、振抖、油耗明显增加	电极间隙不当，电极积炭、油污、潮湿绝缘体损坏	清洗擦干，调校间隙，必要时换件
分电器	行驶无力、排气"发吐"、汽化器回火，发动机过热，启动困难，途中熄火	低压线柱绝缘体损坏 活动触点臂绝缘体损坏 托盘搭铁线折断 凸轮磨损不均 活动触点臂弹簧过软 分电器盖、分火头击穿漏电 白金触点间隙过大、烧蚀	分解清洗、检查和调整、更换损坏部件并修复

分电器常见故障分析见表3-6。

表3-6 分电器常见故障分析

部位	现象	原因	处理
传动机构	发动机运行中，分电器总成摆头摇晃，并且传动轴在配气凸轮轴齿轮推动下上下蹿动偏摆，引起工作不正常	传动轴轴向间隙过大	查看触点间隙，凸轮棱角磨损，用手捏住分电盘上下推拉，来回晃动，感觉其旷量，磨损过限，应换新件
	发动机工作"发吐"，行驶无力	分电器传动轴铆钉松脱	重新铆好
点火提前装置	凸轮轴上的传动齿轮同分电器轴的传动齿轮只是啮合空转，分电器和油泵停止工作	真空调节器拉杆脱落	用尖嘴钳或钢丝钩在缸体安装分电器孔中，取出分电器传动齿轮，用车制的横销把齿轮和轴铆合一体
	不能实现点火提前，混合气燃烧不完全，高速"发吐"，排气冒黑烟	分电器离心式点火提前机构及真空调节器弹簧在长期工作后锈蚀失效	更换新件
	容易进水和污垢，锈蚀，导电不良，工作失效	真空调节器膜片破损，密封不良漏气	加强维护检查、清洗、必要时更换新件
断电装置	影响高压火花的强弱，发动机工作不良	凸轮各凸角磨损不均或过限，致使触点闭合角度有大有小，接触不良而烧蚀	磨损过限，应更换凸轮
	高压火花弱，跳火距离短，启动困难，容易熄火	触点头松动，触点接触不良	用高压跳火可判断出，若触点铆接松动，更换新件
	发动机启动不良，行驶中加不起油来	断电触点臂衬块铆钉松动，断电触点臂弹簧减弱，销孔胶木损坏漏电	更换新件
	行驶中突然熄火，启动困难，启动着火后发动机运转不正常	触点臂与活动触点松动	取高压线试火，时强时弱，有断火现象，应重新铆牢触点
其他故障	发动机运转正常	分火头击穿，分电器盖破损漏电	高压跳火实验进行判断，必要时换新件
	白金触点容易烧蚀	电容器本身短路、断路、漏电，击穿失效，搭铁不良	电容器跳火实验进行判断，必要时换新件

火花塞常见故障分析见表3-7。

表3-7 火花塞常见故障分析

部位	现象	原因	处理
旁电极	电极短路、漏电，不跳火，发动机工作不良，表面点火异响	油污积炭，烧损腐蚀，电极间隙调整不当	维修养护，必要时更换
密封圈	漏气、工作失效	安装不正确，扭拧力不当	重新安装或换件
壳体	断裂，漏电	安装扭力过大，方法不妥，撞击、敲打	更换新件
接头	缸不工作	高压线松脱，接触不良	更换新件
绝缘瓷体	发动机高速断火、漏电、不跳火，工作不正常	拆装方法不妥，选型不当，开裂、折断、釉裂击穿	更换新件
衬垫	漏气，缸工作不良	裂损、失效、密封不当	更换新件
中央电极	电极短路、漏电、不跳火，缸不工作，表面炽热点火，异响	油污积炭、烧损松脱、腐蚀，电极间隙不当	更换新件

八、叉车蓄电池常见故障的检修实例

1. 蓄电池可能出现的缺陷

蓄电池在使用中经常出现的缺陷有：充电过度致使电液喷出、桩头腐蚀、不洁物导致漏电、接头接线松、大线绝缘层破损、安装螺栓生锈或松动、极板硫化、外壳裂、外壳变形、大线接头脏、蓄电池壳裂损、大线电阻大、顶封盖裂损及酸液流失等。

2. 蓄电池极板硫化

为了预防极板硫化，要保证电液的液面高度不能过低；不能将半放电的蓄电池长期搁置，要注意给蓄电池定期补充充电，使蓄电池总是保持完全充电状态；更不能将蓄电池长期在室外搁置。

极板硫化的排除方法有：轻度硫化的蓄电池，可以用换加蒸馏水后小电流充电的方法来消除；消除硫化时的充电电流一般不超过 3A，充电时不能使温度高于 40℃。当电液有较多的气泡时，需把充电电流减小 1/3 或 1/2。当电液剧烈沸腾且电流重新升到 3 A，并在 3~4 h 内基本稳定时，则表示硫化基本消除。此时，可切断充电电流并迅速将原电液全部倒出，另换正常密度的电液，仍用小电流进行充电，充足后再放电，这样充放电循环几次就行了，若硫化严重，蓄电池就不能再用了。

3. 蓄电池自行放电

蓄电池自行放电故障的判断和排除方法有：遇到自行放电的现象时，应首先检查蓄电池上盖是否清洁、有无积垢或电解液，必要时用清水冲洗干净，并用棉纱擦干。接着断开所有用电设备，拆下蓄电池上的粗导线，并在其端部连接一根细导线，然后用细导线在拆下粗导线的极柱上碰火，如有火花，是因为线路中存在搭铁、短路故障，应进一步检查和排除故障；若无火花，表明故障在蓄电池内部，必要时应修复或更换。若是因电解液混有金属杂质，则应将原电解液倒掉，注入新电解液后立即充电，充足电后倒掉，再注入新电解液；在充电的同时，用蒸馏水将电解液相对密度调至 1.26 g/cm³，充足电后将密度调至规定值，然后把蓄电池存放在 30℃ 以下的环境中。如果只有少数单格自行放电，可分解后更换隔板以及清除槽底沉淀物。

4. 蓄电池充不进电

对蓄电池充不进电的故障，要根据其故障现象和蓄电池使用的情况综合分析做出判断。若蓄电池使用 1 年时间以上而充不进电，一般是因为蓄电池劳损、衰竭，应更换新蓄电池；若温度偏高，且行车很长时间后电流表仍指在 5A 以上，可用高率放电计检测，如果测得某单格电池电压低于 1.5 V，说明此格内有短路故障，应拆开检修；若电解液非常混浊，一般为极板上的活性物质大部分已脱落，基本失去了工作能力，应换用新蓄电池；若使用 1~2 次启动机后，再启动时启动机运转无力，说明该蓄电池故障大多是极板硫化或负极板硬化所致，应对其进行恢复性充电。

九、叉车发电机与调节器常见故障的检修实例

1. 发电机不发电的故障检修

不发电时可拆下发电机磁场接线柱上来自电压调节器的导线,将端头与交流发电机磁场接线柱刮火,无火花为励磁电路断路,此时应检查电压调节器、电刷、滑环、磁场绕组。可通过一根短导线将其电枢与磁场接柱做瞬间短接,若电流表指示充电表示电压调节器损坏,否则正常。当其发电微弱时,有可能是发电机传动带过松打滑,可按规范调整。若发电机轴承磨损松旷或润滑不良,转子与定子相碰击,运转中会出现异响,这时应分解发电机予以修复,必要时更换磨损部件。

2. 充电系统的故障检修

(1)不充电

诊断中提高发电机转速,电流表指示不充电;开大灯后如电流表指针瞬间偏转放电方向,则表示发电机与调节器工作正常,而且蓄电池充电已足;若电流表指针较大地偏向放电方向,则故障在发电机或调节器,应检查充电线路各接头是否良好,风扇带是否过松及发电机、调节器的技术状况。首先验证充电系统是否确实有故障,将发电机置于中速运转,在开前照灯的瞬间,电流表指针偏向"+"方向或保持原位不动时,表示蓄电池已充足电,充电系统工作正常;如果电流表指针偏向"-"方向,表示充电系统有故障。

(2)充电电流过小

判断和排除方法可按以下步骤进行。首先检查蓄电池、发电机、调节器和电流表等各机件的接线柱及其导线连接是否牢靠;然后检查风扇带是否过松而使发电机转速不高,在上述情况正常时,可在发电机中等转速下检查调节器的限额电压,拆检发电机是否有磨损、损坏的异常现象;检查调节器活动触点是否烧蚀或有氧化物,活动触点臂与铁心间间隙及弹簧拉力是否符合技术要求,调节器接线有无松动现象,发现异常现象应及时修复。发电机在中速以上运转时,接通前照灯,若电流仍显示充电,表示充电系统技术状况良好;若电源表显示放电,表示充电电流过小故障。

(3) 充电电流过大

首先检查调节器火线与磁场两接线柱导线是否接错，活动触点是否烧蚀或黏闭于常闭状态。检查调节器时，可拆下磁场接线，若充电电流明显减小，为调节器故障，可能是低速触点烧结分不开或线圈有断路等所致；若充电电流仍然很大，可能是磁场接线和电枢接线短路，首先检查是否因蓄电池内部短路严重亏电而引起充电电流过大，必要时应予检修。

(4) 充电电流不稳

首先应检查各连线接头是否松动或接触不良，带是否过松以及蓄电池的极柱有无松动。若无异常再检查调节器触点是否烧蚀、脏污，线圈或电阻有无接触不良、断路等；若仍无异常时，则应拆检发电机内部的技术状况，并逐项修复。若发电机中速以上运转时电流表指示充电，但指针不断左右摆动，充电电流时大时小，应予修复。

十、叉车启动机常见故障的检修实例

1. 启动机的常见故障检修

启动机的常见故障有短路、断路、接触不良、启动开关失灵等。

启动机运转不良及异响。如果启动机在冷、热车时都不好启动，证明故障在其内部；热车好启动，冷车启动无力，冷、热车空转都好，但啮合后无力一般是蓄电池存电不足的原因。按下启动钮，若启动机不转，应迅速松开，检查有无冒烟和发热现象。如无异常现象，可用旋具将启动开关接线柱和启动机火线间的连接钢片拆开，分别通电触试，若开关接线柱有火表示搭铁。触及启动机磁场接线柱时，虽有火但不转，即故障在内部，必须拆检修复。用旋具使启动开关两大接线柱接通时，启动机空转良好，表示启动正常，应检查开关过电铜片是否搭铁或接触不良。用旋具连接启动机开关两大接线柱时无火，即为内部断路。启动机齿轮与齿圈不啮合且有撞击声，这可能是驱动小齿轮或齿圈牙齿损坏或开关闭合过早，在小齿轮与齿圈未啮合前启动机主回路就接通等原因。常见启动机工作时有异响的故障分析见表3-8。

表 3-8 常见启动机工作时有异响的故障分析

现象	可能原因	检修方法
发动机能启动，启动前有频率非常高的噪声	驱动齿轮与飞轮齿圈之间的间隙过大	调整启动机的安装垫
发动机能启动，启动后释放点火钥匙时有频率非常高的噪声	驱动齿轮与飞轮齿圈之间的间隙过小	调整启动机的安装垫，并检查飞轮齿环有无破坏，必要时更换齿环
发动机启动后，不关钥匙有频率非常大的噪声	启动机存放时间过长而生锈，单向啮合器工作失效	更换单向啮合器
发动机启动后，启动机转速降零时，有轰轰隆隆的敲击声	电枢轴变形或电动机电枢轴不平衡	更换启动机电枢总成

2. 启动机不工作故障的检修

检修时，首先试车启动发动机的同时，接通前照灯或喇叭，观察灯光亮度和喇叭声响是否正常，如变弱，则应检查蓄电池是否亏电或线路连接是否松动。短接启动机电磁开关与蓄电池正极接柱，观察启动机运转情况，如运转正常，则检查点火开关。

用粗导线使启动开关的两个接线柱短路，观察启动机运转情况，若启动机此时运转正常，则可能是开关弹簧损坏、推杆调整不当等原因，使主回路不能接通。若此时启动机仍不转，则应拆开启动机检查，若在短路启动开关两接线柱有强烈的火花，但启动机不转，则说明启动机内部线圈有短路或搭铁。

从车上拆下启动机，然后拆下启动机电刷，检查启动机电刷和换向器表面状况，换向器表面应无烧蚀现象，电刷在电刷架内应活动自如并无卡滞现象，电刷与换向器的接触面积不应小于4/5，电刷长度不应小于新电刷的2/3。若以上检测都正常，启动机仍不转，则故障为励磁线圈断路。

CPCD3、CPQ3型叉车在使用中，常见启动继电器JQI被烧坏，也会引起启动机不工作现象。查明原因后应分别予以修复。

3. 启动机电磁开关常见故障

电磁式启动开关是由固定铁心、活动铁心和磁力线圈组成的电动机电路控制机件。当接通电源时，磁力线圈产生的磁场使活动铁心运动，并通过启动机移动叉将单向啮合器齿轮推出与飞轮齿圈啮合并带动旋转。产生故障的原因有：活动铁心与开关轴及线圈壳体配合过紧，运动不灵活；开关触点表面和接触盘表面不光洁、烧蚀或黏结；接触盘不平整、电源接线柱固定螺母松脱；线圈短路、断路或接触不良等。

十一、叉车电路故障的检修

电路故障包括断路、短路、接触不良、漏电等，具体分析如下。

1. 断路

其现象表现为熔丝完好，但接通电路开关后用电设备不工作。这往往是导线接头脱落、连接处接触不良、开关失效、导线折断、该搭铁处未搭铁、插头松动或油污等造成电路中无电所致，应仔细查找外露部位的短路故障，对于故障不在外表的，可用直流试灯或万用表电压挡进行查找。利用直流试灯检查时，将直流试灯与负载并联，逐点判断是否有电，灯亮表示该点有电，不亮表示无电，断路处在有电点和无电点之间。

用直流试灯检查导线断路。先将直流试灯导线夹子夹在车架上，接通开关后，将测试棒从蓄电池开始，按接线顺序逐段向用电设备方向检查，若直流试灯亮表示为通路，否则为短路。故障在试灯亮与不亮之间的电路。也可以采用万用表，以同样方法寻找断路故障点。

2. 短路

表现为接通开关后，熔丝即烧断；导线发热有烧焦味，甚至冒烟、烧毁，导线绝缘损坏，电器导电零件或线头裸露部分与车体接触造成短路。根据电路原理来判断短路部位：将直流试灯串联在故障电路中，接通电路开关后，试灯不亮，说明短路处在电源与试灯之间；如果试灯亮，则说明短路处在试灯至负载之间。为了检查安全，可从电源处开始，沿着供电路线逐点用直流试灯检查。

另一方法是寻找短路搭铁处。当接通开关时，熔丝立即烧断，说明开关所接通的用电设备之间线路中有短路搭铁之处，寻找具体发生短路搭铁处时，先从蓄电池引出一根火线，然后从用电设备一端开始，向开关方向按次序逐段拆线头，每拆下一个线头时用火线碰一下，若在1点用电设备工作正常，在 2 点却"叭"的一声响,并且出现强烈火花,但用电设备仍不工作,则短路处就位于 1 点与 2 两点之间的线路。

最后需要确定短路搭铁线路。若开关接通的是若干个用电设备,则表现为其中某一个用电设备的线路存在短路搭铁。为确定短路搭铁处,可先从该开关上拆下烧熔丝一挡所接通的全部线头,然后用蓄电池引来的火线分别同它们相碰。若与 1 相碰时用电设备工作正常,则说明该线路完好;若与 2 相碰时火线"叭"的一声响且出现强烈火花,但用电设备仍不工作,则说明该线路中有短路搭铁处。

3. 接触不良

接触不良的表现为用电设备不能正常工作,时好时坏,在电流较大的电路中,接触处有发热或烧蚀现象;线头连接不牢、焊接不良、接触点氧化、脏污、插头松动等。检测方法是检查各接触点的氧化、脏污及烧蚀情况,用导线把待检查的接触处短接,若是用电装置恢复正常,说明该处接触不良。切断电源开关,用万用表欧姆挡测量接触处的接触电阻,根据数据大小,也可以判明故障部位。

十二、线束故障的检修与排除

在拆除线束检查隐患时,要注意线路中所暴露出的问题,例如线束转弯处被磨破,导线与导线粘连短路。这种破皮引起的搭铁比较难以察觉,常常成为疑难故障。线束在发动机、排气管、水管等热源附近,往往因缺少线束卡子固定而被烫烙甚至烤焦,致使电器设备不能正常工作。有些导线则被挤压断损,粘连搭铁造成控制失灵。还有些属于人为乱接线,接线不规范而造成熔断器经常性烧坏。遇到线路有故障时,以上情况均要考虑到,并认真地逐段查找,问题总会迎刃而解。

十三、叉车电器故障的维修、调整和养护

1. 前照灯的故障维修

前照灯的故障及维修有以下三个方面内容。

①当发现灯光暗淡而供给大灯的电源电压又正常时,应检查反光镜。若有损坏,应更换;若有尘污,应清洁。若有尘土,用压缩空气吹净后即可装回。若有脏污,应对不同材料的反光镜采取不同的清洁方法,若是镀银或铝的反光镜,可用清洁棉纱蘸热水进行清洗,清洗干净后,将镜面向下晾干而后装复;若是镀镍或镀铬的反光镜,可用清洁棉纱蘸酒精由反光镜的内部向外成螺旋形仔细轻拭,擦净晾干后即可装复。

②检查灯玻璃和反光镜之间的衬垫是否完好,若密封不良,会使尘埃和潮气侵入,使反光镜锈蚀,若衬垫损坏应更换。若灯玻璃破碎,应及时更换。

③检查灯座和灯泡的接触是否良好。若灯座接触点的弹簧因使用过久而失去弹性导致灯光不亮,应更换弹簧甚至灯座总成。

2. 喇叭的修理

喇叭的修理主要是修磨脏污的触点。对烧蚀严重者应铆制新触点,其方法与铆制调节器触点相同。检查喇叭的绝缘时,如有损坏或发现破裂,应更换新绝缘垫。

十四、叉车的人为故障实例

人为故障往往是由于驾、修人员疏忽而引起的,一般难以察觉,留下了安全隐患。人为故障大都出现得比较突然,故障既无任何迹象又无规律性,因此排除的难度要大一些,但它也会有内在和外表的表现特征及现象,如对故障现象进行科学的分析,就不难找出其规律。

1. 人为故障实例

人为故障包括以下六种情况:

①垫片落入进气管导致活塞报废;

②水堵松动致使油底壳进水;

③齿轮碰伤后引起发动机异响;

④违章作业人为引起排气管淌机油;

⑤听到异响不警觉,继续驾车导致曲轴报废;

⑥连杆螺栓拧得太紧导致发动机报废。

2. 叉车人为故障的主要原因

在日常修理和养护叉车工作中，稍有疏忽就有可能出现人为故障。人为故障一般都在维修车辆竣工试车、运行一段里程后才被发现，人为故障产生的主要原因一般有以下10点：

①维修养护不良；

②违章操作或装配质量差；

③零件质量不合格，更换或添加的燃油、润滑油料品质不佳；

④野蛮拆装、零件脏污及不良的修理习惯；

⑤不按规定强制叉车养护；

⑥零件漏装；

⑦违章使用叉车；

⑧修理工艺不良、检查不细；

⑨不按规定间隙装配或调整不当；

⑩线路接错、零件错装。

人为故障一般原因复杂、涉及面广，维修人员在心中无数的情况下，不要盲目拆卸叉车，否则会使问题更趋复杂，甚至损坏机件。人为故障应以预防为主，除合理使用车辆之外，在汽车的维修养护中必须做到：一清洁、二调整、三防松；不错装、不漏装、防磕碰、防摔伤；不合格的零件不装车，不合格的油料不使用。严格按操作规程执行修理工艺，不断提高维修质量，尽可能减少人为故障。

练习题与实训项目

一、问答题
1. 叉车维护作业是如何分类的？
2. 叉车日常维护作业的内容是什么？

二、实训项目
1. 叉车发动机总成常见故障的诊断。
2. 叉车底盘常见故障的诊断。
3. 叉车液压、起重系统常见故障的诊断。
4. 叉车电器常见故障的诊断。

第四单元
企业叉车安全管理及事故预防

模块七　企业叉车安全管理

一、企业内叉车作业安全与环境保护

企业叉车作业的特点是短途运输或装卸的往返重复性较强，其安全性往往容易被人们所忽视。为加强企业叉车的安全管理和技术检验，不断提高叉车的安全技术状况，最大限度地减少叉车伤害事故的发生，相应的行政和技术法律、法规应日益完善。

1. 企业叉车作业的安全要点

企业叉车作业的安全要点主要有：叉车的额定能力和产品标志；叉车的稳定性和制动性能；叉车的运行方向控制和控制符号；叉车的动力系统、起升、倾斜和其他动作装置的要求；叉车的保护装置；叉车的操纵和维护。上述内容在国家标准《GB 10827—1999 机动工业车辆安全规范》文件中有详细的规定。

2. 叉车的可靠性

企业内叉车种类很多，用户对产品质量的要求也千差万别，但共同的最基本要求是安全、可靠、使用性能良好。我国机动车辆检测机构通过对叉车的实验检测数据进行统计分析发现：我国绝大多数叉车产品在整机安全性和使用性能指标方面与国外发达国家叉车产品比较接近，但可靠性方面与发达国家相比存在较大差距。因此，企业自身以及检验人员应对产品的可靠性予

以重视，有必要对可靠性方面的基础知识有所了解。

确定可靠性指标值应考虑的主要因素是：国内外同类产品的可靠性水平；用户的要求或合同的规定；技术和经济方面的权衡。可靠性的指标不是越高越好，它要从技术可能性、研制开发周期、成本效益等几个方面进行综合分析和平衡。

3. 叉车的噪声

叉车的噪声属于环境物理污染范畴，噪声污染的特点是：污染是局部性的，在环境中不会有残余物质存在，在污染源停止运转后，污染也就立即消失。凡是干扰人们休息、学习和工作的声音，即不需要的杂乱无章的声音都被称为噪声。在表示噪声的声级时常用 dB（A），加 A 时表示噪声除声压外还与频率有关。机动车辆噪声的测定采用声级计，特点是简单易测，与主观感觉评价基本一致。叉车噪声主要来自发动机、工作液压装置、传动系统以及结构件。噪声的强弱与叉车的类型、运动速度有关。各国制定叉车的允许噪声级标准有所不同。我国对 0.5~10 t 平衡重式叉车噪声级规定：内燃机叉车的车外最大允许噪声级不大于 90 dB（A），蓄电池叉车的车外最大允许噪声级不大于 80 dB（A）；从保护人听力的角度出发，绝对安全的标准应不大于 85 dB（A），在实际制定噪声标准时，还应考虑可行性和经济性。随着经济的发展，劳动保护要求的提高，对叉车噪声限制的标准或法规要求将日益完善和提高。

4. 叉车废气净化

随着生态环境的保护得到日益重视，造成环境污染的内燃机叉车的废气排放受到越来越严格的法规限制。内燃机叉车排放的污染物主要有一氧化碳、碳氢化合物、氮氧化物以及微小的颗粒物。控制内燃机叉车污染物排放的技术措施一般可分为机内和机外两类。机内措施是通过改变发动机本身或附件来改变发动机的燃烧过程，以减少污染物的排放量；机外措施是通过安装某些装置来处理已经排至发动机排气管外或发动机外的污染物。此外，采用天然气、石油气等代用燃料，也是降低内燃车辆排放物的措施之一。

5. 在危险环境中使用的叉车

叉车在存在易燃气体和粉尘的场所作业会形成易爆混合物。企业内叉车不管是内燃的还是电动的，在危险区域内进行货物的装卸、搬运等作业时，一旦出现火源，其后果不堪设想。国家标准《GB 10827—1999 机动工业车辆安全规范》中明确规定，在易燃、易爆环境中作业的车辆必须获得在此环境中作业的许可证，方可进行作业。这类车辆必须清楚地用适当类型的符号标明。

目前，国内还没有为在有潜在可燃性气体环境中使用机动车辆而专门制定安全标准及法规，但在危险环境中使用的叉车必须遵守我国有关防爆安全法规。防爆安全法规是对由国务院颁布的《防爆安全行政法规》与原国家技术监督局颁布实施的《防爆安全技术标准》的统称。这些法规严格规定了爆炸危险区域划分、防爆规章制度、爆炸保护措施、爆炸性物质的种类、爆炸极限和发生的条件、防爆安全装置的使用与保养以及危险环境作业人员的教育考核办法。

6. 叉车安全设施

叉车安全包括使用与操作安全。谈到安全，应了解叉车在结构上有哪些安全设施。叉车结构方面的安全设施可分为基本安全设施与专项安全设施。通过这些安全设施和项目，使驾驶员的操纵更安全。叉车基本安全设施包括零部件的安全要求、超载起升保护、最大下降速度的控制、制动与坡道停车以及护顶架。叉车专项安全设施是指叉车稳定性要求，这是一种模拟叉车运行作业的试验。

二、叉车的安全操作技术检验规范

1. 叉车的日常安全检查与使用规定

（1）启动发动机前的检查

①检查地面有无新滴下的油迹，寻找漏油部位，根据渗漏情况确定可否运行或是否需要检修。

②检查发动机的机油、冷却水、柴油、液压油、制动液是否足够，并注意油液的清洁度。

③检查轮胎气压是否足够及磨损是否过量、轮辋有无裂纹，紧固螺栓是否紧固、齐全。

④检查转向系统、制动系统在静态下是否符合下列要求：
- 转向盘自由行程量　小于等于30°
- 转向盘轴向间隙　小于等于0.5 mm
- 转向盘径向间隙　小于等于2.0 mm
- 转向液压油管　无老化、破损，固定可靠，不与转向轮或其他机件相碰擦
- 左、右转向轮的状态　目测其平行直立于地面达到最大制动力时拉过的齿数小于等于7齿
- 拉足手刹杆时的操作力　150~330 N
- 制动踏板自由行程　8~15 mm
- 达到最大制动力时的踏板　第一脚即可达到最大制动力且行程不超过全行程的4/5
- 最大制动力保持时间　大于等于1 min（保持1分钟以上）
- 最大制动力即非助力制动系统为踏板不下移，助力制动系统为踏板不反弹或不下移。

⑤检查风扇叶片有无裂纹，皮带的紧度是否合适。

⑥检查车灯、喇叭等工作是否正常。

（2）叉车起步时的注意事项

①启动发动机，中速空运转3~5 min进行暖机，并检查机油压力是否正常，充电是否正常，将货叉升至距地面300 mm，后倾门架，再挂上挡，鸣喇叭，松开手制动器，平稳起步。

②起步后应在平直无人的路面上用不大于10 km/h的车速试验转向与制动性能是否良好，主要包括：转动转向盘全部行程，手感应平顺、无卡滞感；在平直、硬实、干燥、清洁的路面上行驶时，手扶转向盘应无摆振、跑偏或其他异常感觉；检验手制动器性能，空载、空挡时，拉紧手制动器可使叉车停在20%的坡道上；制动距离小于等于5.0 m；紧急制动跑偏量小于等于100 mm；点刹时手扶转向盘应感觉不跑偏。

（3）叉车行驶时的注意事项

①企业内行驶必须遵守行车准则，自觉限速。一般按以下条件选择时速：

平直、硬实、干燥、清洁的路面，路旁无堆放物、无岔道、无停放车辆，视线良好时的时速应小于等于 10 km/h；一般情况路面或拐弯时，仓库内行车道路较宽、较长，视线良好，无行人处的时速应小于等于 5 km/h；通道狭窄，人车混杂，视线不良，交叉路口，装卸作业地点及倒车时的时速应小于等于 3 km/h。

②叉车严禁载人行驶，严禁熄火滑行、脱挡滑行或踩下离合器滑行。

③上、下坡应提前换低挡位，上坡不得拖挡；不在坡道上横向行驶、转弯或进行装卸作业。

④行驶过程中要集中精力，谨慎驾驶，保持安全时速。要时刻注意行人和车辆的动态，保持与其他车辆或行人的横向安全距离和纵向安全距离，提防行人或车辆突然横穿道路。

⑤夜间行驶尤其是会车时，驾驶人员应降速行驶。

⑥在雨天、钢板上或沾油路面上行驶时，要提前减速，稳速行驶，不得紧急制动或急打方向。

⑦通过狭窄或低矮的地方时，谨慎通过，必要时应有专人指挥，不得盲目甚至强行通过。

⑧应注意车轮不得碾压垫木等物品，以免碾压物崩起伤人。

(4) 叉车转弯与倒车时的注意事项

①转弯时应提前打开转向指示灯，减速、鸣喇叭、靠右行。注意转向轮外侧后方的行人或物品是否在危险区域内。

②转弯时必须严格控制车速，严禁急打方向。

③倒车前应先仔细观察四周和后方的情况，确认安全后，鸣喇叭缓慢倒车。

④倒车时转向盘的操纵方法与前进时恰好相反，而且驾驶员视线受到体位限制，对车的控制能力削弱，所以倒车更要谨慎操作。

(5) 叉车停放时的注意事项

①叉车应整齐停放在水平道路右侧或指定地点，货叉平置于地面，人离开叉车前应切断电源总开关，拉紧手制动器，挂上空挡，取下开关钥匙。

②不得在人车密集、交叉路口、狭窄道路、视线不良、斜坡、松软路面、

易燃品附近、消防通道等不安全地段停放叉车。

(6) 装卸、堆垛时的注意事项

①货物重心应在规定的载荷中心，不得超过额定起重量，如货物重心改变，其起重量应符合车上起重量负载曲线标牌上的规定。

②应根据货物大小调整货叉间距，使货物质量的重心在叉车纵轴线上。

③货叉接近或撤离货物时车速应缓慢、平稳；货叉插入货堆时，货叉架应前倾；货物装入货叉后，应使货物紧靠叉壁，并确认货物放置平稳、可靠后方可行驶。

④叉车停稳并拉紧手制动器后方可进行装卸作业，作业时货叉附近不得有人，一般情况下货叉不得作为可升降的检修平台。

⑤货叉悬空时发动机不得熄火，驾驶员不得离开驾驶座，驾驶员应阻止行人从货叉架下通过。

⑥当搬运的大件货物挡住驾驶员的视线时，叉车应倒退低速行驶。

⑦不得单叉作业，不得利用制动惯性装卸货物。

⑧不得在斜坡上进行装卸作业，不得边行走边升降货叉。

2. 叉车的安全技术检验规范

(1) 一般要求

叉车严禁停放在有易燃、易爆物或有毒化学物品的场所，也不应停放在露天或潮湿处；叉车经企业车管部门检验合格并发给号牌和行驶证后方可使用；必须建立叉车技术档案，指定专人随时记录检验、修理和事故处理等情况；叉车必须按照使用说明书的要求定期进行各级技术维护，并按上级车管部门的规定进行年度检验审核；叉车零部件的制造技术要求应符合有关国家标准、行业标准和制造工厂厂标的规定；叉车修理质量应符合国家标准《GB/T 16178—1996 厂内机动车辆安全检验技术要求》。

(2) 动力装置

发动机必须保持良好的动力性能，运转应平稳，不得有异常声响，怠速稳定，机油压力正常。发动机功率不得低于原额定功率的75%。发动机点火系统、供油系统、润滑系统、冷却系统的机件应齐全、性能良好，各线路、管路应卡牢，附件工作正常，并且无漏水、漏油、漏气现象，保持外表清洁。

水温应保持正常。不同的行驶速度下机油压力保持在规定的范围之内。在正常水温下，急速能均匀地运转，用启动机能迅速地启动发动机。正常工作后不得有异常声响。启动后，高、中、低速时应运转均匀，无断火或过热现象。汽化器及消声器无回火、爆炸声，排气时不冒蓝烟或黑烟。机油量保持在油尺刻线 1/2~1 之间。柴油机停机装置必须灵活、有效。

(3) 传动系统

离合器应接合平稳、分离彻底，不得有异常响声、抖动或打滑现象。离合器踏板力、自由行程能够符合本车型要求。离合器零部件应安装正确，配合适当，锁止装置齐全、可靠。离合器踏板自由行程保持在 30~40 mm 范围内。踏板面应有防护措施。

变速器变速杆位置应适当，自锁、互锁可靠，无异常响声和严重发热现象。变速操作轻便灵活，变速器壳体上盖应完好，不缺油，无异常响声，密封装置在正常温度下不得漏油。换挡时，变速换挡杆应无变形，不得与其他部件发生干涉。液力机械变矩变速器的油压、油温和变速压力应符合车辆出厂时的规定。

传动链条不紧不松，螺栓齐全、紧固可靠且装配角度正确，润滑良好，行驶中不抖动、无异常响声。

主传动器、差速器装置工作正常、不松动、无异常响声。半轴螺钉齐全、紧固可靠，驱动桥不漏油。

制动轮和差速器连接应牢固，锁止装置齐全、可靠。驱动桥壳和差速器应完好，桥壳内的润滑油液必须符合设计规定，油面维持在油面检查螺栓孔上，不足时及时补加。

应尽量对链条传动装置和外露的齿轮设置防护装置。在物体有可能从高处掉落的场所及叉车的货叉能举过驾驶员头顶时，均应设置保护驾驶员头顶的安全架，安全架不得妨碍驾驶员的视线。叉车应配备二氧化碳灭火器或干粉灭火器。

(4) 行驶系统

车体应无裂纹、开裂或锈蚀现象，螺母、螺栓、铆钉不得短缺、松动、锈蚀，无影响强度、刚度的缺陷，无妨碍 4 个轮胎同时着地的变形。牵引钩应完好，无变形和裂纹，与车架连接牢固、可靠。同一桥上的左、右悬架弹力应一致，钢板弹簧整齐、卡子齐全、螺栓紧固，与转向桥、驱动桥和车架的连接牢固、可靠。减振器应完好有效，前、后桥不得有裂纹和变形。轮毂锁止装置完好、可靠，安装松紧适度。

车身应周正，左、右对称部位高度差应小于等于 40 mm。两侧不准有超出车身外廓的突出物，车身外观整洁，各零部件应完好、连接紧固且无缺损，有正常的技术性能。车辆的前后部应有适当的安装牌照的位置。后视镜安装位置、角度适宜；镜面不得变形，应能使驾驶员看清车身侧后方 50 m 以内的情况。车门和车窗开启、关闭轻便，不得有自动开启现象，门锁牢固可靠。行车时门窗无因振动产生的声响。

封闭式驾驶室须装置有效的门锁。驾驶员座椅应舒适、牢靠，前后及高度可调整。前挡风玻璃必须采用透明度良好的安全玻璃，不得有眩目的波纹、气泡等缺陷，不能使用有机玻璃。驾驶室应有通风、保暖、挡风除霜装置。挡风玻璃左、右两边要装有灵敏有效的自动刮水器。

同一桥上的左、右车轮应装用同型号、同花纹的轮胎；轮胎气压应符合规定；两边轮胎充气量均匀一致，外露的轮胎应有防护装置并固定牢靠；胎面中心花纹深度不得小于 2 mm，轮胎表面不得有硬伤、露线等现象；转向轮不得装翻新的轮胎。轮辋应完整、无损，螺母齐全、紧固；钢圈应完整，无裂损和变形。轮辐端面或轮辋表面对钢圈轴心线端面的径向跳动应不大于 3 mm。螺孔孔径磨损量应不大于 1.5 mm。

蓄电池、燃油箱、液压油箱托架无严重腐蚀变形且安装牢靠。燃油箱、蓄电池、排气管之间的距离大于等于 300 mm。排气管应从左侧或尾部向斜下方引出。燃油箱及管路应坚固并具有防护装置，不至于因振动、冲击而损坏或漏油。燃油箱加油口及通气孔应保证在车辆晃动时不漏油，通气孔应畅通。

电瓶组框架应无严重腐蚀，车身应完好无裂纹和利角、利棱及表面凸凹不平。蓄电池底部、四周与其框架之间一般应垫以橡胶或木块，以减小振动并防止短路。驾驶室内零部件的安装位置应使驾驶员操作方便、舒适。

(5) 转向系统

叉车方向盘不得设于右侧，叉车的方向盘应转动灵活、操纵轻便、无阻滞现象。车轮转到极限位置时不得与其他部件有干涉现象。叉车转向轮转向后应有自动回正能力，以保持叉车稳定地直线行驶。叉车直线行驶时，方向盘的最大转动量从中间位置向左、右各不得超过15°。叉车在平坦、硬实、干燥和清洁的道路上行驶时，其方向盘不得有摆振、路感不灵、跑偏或其他异常现象。采用转向助力装置时，助力器的工作油压值应符合叉车出厂规定值，且系统不漏油，工作状况良好、可靠。助力器失效时，仍具有用方向盘控制车辆转向的能力。转向系统不得缺油、漏油，固定托架必须牢固，转向节、转向臂、横直拉杆及球销应无裂纹和损伤，并且球销不得松动，横直拉杆不得拼焊而成。

（6）制动系统

叉车必须设置行车制动和停车制动装置。行车制动器踏板的自由行程应符合车辆出厂要求。行车制动系统最大制动效能应在踏板全行程的4/5以内达到。制动器产生最大作用时踏板力不得超过700 N，手握力不超过300 N。气压制动的叉车，制动系统不得漏气，管路不与其他机件摩擦，储气筒应设有放水、限压装置。储气筒容量应保证在停机的情况下连续6次全制动后气压不小于0.4 MPa。液压式制动叉车，制动系统不得漏油或进入空气。在踩下踏板并保持10 min后，踏板不得有缓慢向底板移动的现象。蓄电池叉车等机械制动联锁装置应齐全、灵敏、可靠。在叉车运行过程中，不应有自行制动现象。行车制动器在行车中制动应有效、可靠、无跑偏现象。

制动总泵应动作灵活、可靠、无泄漏现象。在外力作用下，总泵油液应能产生足够的压力用来作为制动室动力源。脚踏制动机构应齐全、完好，锁止装置齐全，踏板行程应不大于20 mm，板面应有防滑措施。制动液压管路应畅通、无泄漏。

停车制动操纵装置的安装位置要适当，操纵杆必须有一定的储备行程，一般应在操纵杆全程的3/4以内产生最大制动效能；棘轮式制动器应在拉动杆全程的2/3以内产生最大制动效能；锁止装置灵敏、可靠。手制动器应完好，弹簧无裂纹和塑性变形，各零部件连接可靠，轴或轴孔的磨损量不超过原直径的5%，并应制动灵活、准确、可靠。制动联锁装置应齐全、可靠，当制动时，联锁开关必须切断电源并使信号灯亮。手制动杆定位应正确、可靠。

（7）电气系统及仪表和附件

企业叉车中安装的灯具，其灯泡应有保护装置，安装质量要可靠，不得因车辆振动而松动、脱落、损坏、失去作用或改变光照方向。所有灯光开关安装牢固、开关自由，不得因车辆振动而自行开启或关闭。左、右两边装置灯的光色、规格须一致，安装位置对称。照明信号装置均应齐全、完好。灯具玻璃颜色符合设计规定，而且清晰、明亮、有足够的照度。

前照灯应根据需要左、右两边各安装一盏前照灯，前照灯应有足够的发光强度，光色为白色或黄色。叉车前面左、右两边各安装一盏示宽灯，示宽灯功率应为 3~5 W，显示面积应为 15 cm^2，光色为白色或黄色；示宽灯与尾灯同时点亮，并且在前照灯点亮、熄灭时均不得熄灭。叉车后面左、右两边应各装一盏尾灯，尾灯功率应为 3~5 W，显示面积应为 15 cm^2，光色为红色。制动灯开启、关闭受行车制动装置的控制。叉车左、右两边应各安装一盏转向信号灯；在驾驶室仪表板上应设置相应的转向指示信号灯；转向灯功率为 10~15 W，显示面积大于等于 20 cm^2，光色为黄色，以 60~120 次/min 的频率点亮或熄灭；叉车夜间作业应设置倒车灯，光色为白色或黄色，倒车灯应能照亮 15 m 以内的路面。

车辆仪表及指示灯应齐全、有效。采用气压制动的叉车，必须装设低压音响警报装置。

叉车应设置喇叭，喇叭的触点应光洁、平整，音响清脆、洪亮，音量不超过 105 dB（A）；发电机技术性能应良好；蓄电池壳体应无裂痕和渗漏，极桩和极板、连接板的连接牢固。蓄电池表面与极桩应保持清洁，各部分密封良好，蓄电池电解液表面应高出极板 10~15 mm，充电后的电解液相对密度不低于 1.26 g/cm^3，相对密度低于 1.22 g/cm^3 时应进行充电。

电气设备应完好、有效，通电导线应分段固定且包扎良好，无漏电现象，不得靠近发动机和排气管。通电导线接头应紧固，无松动、脱落和短路现象。电器元件的触点应光洁、平整、接触良好，接线应保持清洁。所有电器导线均须捆扎成束、布置整齐、固定卡紧、接头牢固，导线穿越洞孔时需装设绝缘封套；照明信号装置任何一个线路如出现故障，不得干扰其他线路正常工作；叉车须装设电源总开关。

交流发电机、调节器、发动机及继电器均应完好，动作灵敏可靠。分电器壳体及盖无裂损。真空调节器应齐全、完整、密封良好。电源总开关、点火开关和车灯开关必须齐全、灵敏、可靠并与所控制的动作相符。电流表、水温表及感应塞、汽油量表及汽油表浮子、机油压力表及感应塞、机油压力过低报警器等均应齐全、完好，安装方式正确，连接牢靠，动作灵敏、准确、可靠。仪表表盘刻度清晰可见。

(8) 液压控制系统

液压控制系统中的传动部件在额定载荷、额定速度范围内不应出现爬行、停滞和明显的冲动现象。多路换向阀壳体无裂痕、渗漏，工作性能良好可靠。

载荷曲线、液压控制铭牌应齐全、清晰。

液压控制系统内的油压应符合设计要求，油箱内油位不得低于油位指示器的油标线，液压控制系统管路应畅通、密封良好且无漏油现象，与其他机件不发生摩擦，橡胶软管不得有老化、变质现象。

液压分配器一般采用整体式，其外壳应无裂纹及泄漏处。压缩弹簧应完好，外力消除后应能使阀杆迅速复位。阀杆与阀座的配合应良好，无泄漏现象。操作手柄应有一定的强度和刚度，表面平整、光滑、无变形。当外力作用于手柄时，液压分配器应能有效、迅速地开通或切断油路，使油缸活塞升起、停留、复位，并能可靠定位，不得因振动而使操纵手柄移位。液压分配器上应有金属铭牌和指示牌。

叉车一般采用弹簧安全阀。安全阀应动作灵敏，工作性能良好、可靠，在超载25%时应能全部打开，调整螺栓和螺母应齐全、紧固且不得随意拧动。操作手柄定位准确、可靠，不得因振动而改变位置。液压控制系统的零件应完好，动作灵敏、可靠并符合规定。

(9) 起重机构

门架不得有变形和焊缝脱焊现象，内门架与外门架、属具架与内门架相对升降平顺。门架与滚轮的配合间隙不得大于1.5 mm，滑动良好、无卡阻现象。滚轮转动应灵活，滚轮及轴应无裂纹、缺损，轮槽磨损量不得大于原尺寸的10%。两根起重链条张紧度应均匀，不得扭曲变形，端部连接牢固；链节销轴与支撑孔的配合间隙不得过大。链轮转动应灵活，凹槽深度不应比原尺寸超出 0.5 mm 以上；属具架不得有严重变形、焊缝开焊现象。

货叉表面不得有裂纹，各部分焊缝不得有脱焊现象。货叉根角不得大于 93°，厚度不得低于原尺寸的 90%；左、右货叉的高度差不得超过货叉水平段长度的 3%；货叉定位应可靠，货叉挂钩的支撑面、定位面不得有明显缺陷；货叉与属具架的配合间隙不应过大，应移动平顺。

倾斜油缸与门架、车架的铰接应牢靠、灵活，配合间隙不得过大。升降油缸与门架的连接应牢靠；油缸应密封良好、无裂纹，工作平顺，在额定载荷下，10 min 内门架的自沉量应不大于 20 mm，自倾角不大于 0.5°，满载时起升速度不低于标准值的一半。

三、叉车安全事故问题主要原因分析

从以往的大量事故情况来看，造成企业内叉车事故有多方面的原因，但主要是涉及人、车、道路环境这 3 个综合因素。在这三者中，人是最为重要的因素。据有关资料分析，一般情况下，驾驶员是造成事故的主要因素，负直接责任的占事故统计数量的 70% 以上。大量的企业内叉车事故统计分析表明，事故主要发生在叉车行驶、装卸作业、叉车检修及非驾驶员驾车等过程中。企业内叉车事故的发生与车辆的技术状况、道路条件、作业环境、管理水平，尤其是叉车驾驶员的思想状况、操作技能、应变能力、心情好坏等一系列因素有关。其中关于叉车驾驶员的因素往往是主要的。据调查，从各类事故所占比例看，车辆行驶中发生事故的占 44%，车辆装卸作业中发生事故的占 23%，叉车检修作业中发生事故的占 7.9%，非驾驶员开车肇事占 16.5%，其他类型事故占 8.6%。由此不难发现，车辆事故的主要原因都集中在驾驶员身上，而这些事故又都是驾驶员违章操作、疏忽大意、操作技术差等方面的行为造成的。为了吸取教训、杜绝事故，下面具体分析企业内叉车多发事故的主要原因。

1. 驾驶人员的技术素质差、缺乏安全意识

有些企业严重忽视叉车驾驶人员的安全技术培训，"边干边学"和不经考核就驾驶车辆的现象普遍存在。有相当数量的叉车驾驶员不懂安全驾驶技术，

遇到情况就手忙脚乱，不能采取正确的处理措施，造成不应发生的事故。

（1）不懂操作规范，驾驶技术不熟练

绝大部分事故的发生都是与驾驶员的技术水平密切相关的。通过对部分事故的分析可以看出，驾驶技术不熟练主要有以下3个方面的原因和表现：

①缺乏正规培训和严格考核。近年来，随着国家建设和工业生产的迅速发展，新入行的企业内叉车驾驶员增多，由于缺乏对这一部分人员的正规培训和严格考核，所以许多新驾驶员技术不熟练、专业技术知识贫乏、安全技术素质较差，这种状况必然会增加作业中的危险因素及事故隐患，极易造成行车事故。

②不能正确判断和处理险情。驾驶技术不熟练的驾驶员在驾驶中遇到复杂情况时，往往由于其经验不足，缺乏正确判断能力，不能做出及时、正确的处理。例如，驾驶员在行车中没有思想准备或对潜在的危险因素估计不足，遇到紧急情况就会手足无措，延长反应时间，来不及做出处理。有的驾驶员驾驶技术不熟练，驾车时精神时刻处于高度紧张状态，遇到紧急情况不知道如何处理甚至出现惊呆等状态；还有的驾驶员由于经验不足，技术生疏，遇到情况做出错误的判断，从而造成事故。

③不能正确控制和运用车辆。驾驶技术生疏，经验不足，在行驶中往往不能根据道路情况、车辆和行人情况，依据安全规定灵活、适当地控制车速。

有的驾驶员运用方向盘不当，转向时由于不能准确判断轮胎位置而转向不及时或转弯半径选择不当，转向后又不能及时回正方向。行驶中，有的驾驶员随意晃动方向盘，使车辆左右摇摆，行驶不稳，极易发生碰撞事故。

有的驾驶员采用错误的驾驶姿势，既加大了劳动强度造成疲劳，又妨碍运用各种驾驶操纵机构、观察仪表和道路情况。

有的驾驶员对油门、离合器和变速杆之间的配合使用不熟练，行驶中挂错挡位或掌握不好换挡的时机，换挡前后造成车辆闯动。

有的驾驶员不能合理正确地运用制动器。在行驶中，不能根据行进前方的道路条件和交通情况的变化提前做好思想上和技术上的准备，从而有目的地采取预见性制动措施。当突然出现意外的紧急情况需要采取紧急制动措施时，又手忙脚乱，惊慌失措，没有能力进行正确操作，以致造成事故。

从大量企业内叉车伤害事故的分析中能够看出，由于不懂操作技术而导致操作失误发生的事故占 5.1%。所以，为了减少叉车伤害事故，叉车驾驶员必须提高驾驶技术。

（2）违章驾驶

违章是发生事故的根源。各种安全规章制度和安全操作规程是大量事故血的教训的总结。驾驶员置安全规章制度和安全操作规程于不顾，违章行驶，必然造成事故的发生。有的人未经培训和考核，不懂车辆设备、技术性能和安全操作技术，任意驾车行驶和作业，以致事故发生。企业内叉车在执行运输任务时，由于运距短，经常发生人货混载，如因驾驶室超载、人站在货叉的货物上等而发生事故。厂区道路比较狭窄，超车事故概率很高。驾驶员为了赶任务、抢时间，遇到狭窄地段不是"礼让三先"，而是抢道、抢货位互不相让；超车过程中，不顾前后车的动向和道路交通情况，在路口、窄路或前车遇有障碍来不及让路的情况下不鸣号、不示意，强行高速超车；叉车驾驶员由于在厂区工作，因为管理不严，饮酒后驾车现象时有发生。叉车驾驶员饮酒后，由于酒精的作用，使人的神经由兴奋到抑制，感情冲动、精神恍惚或反应迟钝也极易导致事故发生。有的叉车装载货物超重、超高、超宽、超长，企业内叉车由于任务重、运距短，所以超重特别严重，必须严格加以限制。超重使叉车轮胎负荷过大、变形严重，容易使轮胎爆破，造成行车事故；超重使叉车转向时离心力增大，操作困难；同时，超重使叉车的制动性能降低，制动距离延长，扩大了叉车的非安全区，增加了事故发生的可能性；超重会使车架变形，零部件损坏，发生行车事故。

（3）高速行驶

企业内叉车事故有 50% 以上与高速行驶有关。所谓高速行驶，就是指超过企业内叉车运输安全规程所规定的行驶速度。车速过快将破坏叉车的操纵性和稳定性，延长叉车驾驶员的反应时间和机械反应时间内叉车所行驶的距离以及叉车本身的制动距离，扩大了制动的非安全区，使叉车驾驶员的正常思维能力受限，容易产生错误的判断和操作，导致事故发生。

（4）麻痹大意，注意力不集中

企业内叉车驾驶员在驾驶作业时麻痹大意或注意力不集中是造成事故的

另一个主要原因。起步前不认真瞭望,行驶和作业中精力分散,有急于完成任务或图省事的不良心理活动;不认真观察、瞭望环境及周围的车辆和人员动态,驾驶操作中听广播和录音机、吸烟、吃零食,或边操作边看车外的其他景色和人物,不集中精力驾驶;长时间驾驶操作,过度疲劳或睡眠不足,出现精力不集中、反应迟钝,甚至打瞌睡的现象。驾驶中,自信路熟、车好,在行驶作业过程中如出现上述各种注意力不集中和麻痹大意的表现,一旦遇到突发情况,驾驶员由于没有思想准备,没有在时间、空间和速度上留有充分余地而惊慌失措并出现错误操作,以致事故发生。

2. 叉车安全状况不良,"带病"使用

叉车安全状况的好坏对安全行车起着重要的作用,其中以转向系统、制动系统的安全状况影响最大,其他如车轮及轮胎、灯光和喇叭、传动装置以及其他一些零部件也都必须完好。车辆状况不良造成事故就是指因为制动系统、转向系统以及其他机件状况不良造成的事故。其主要原因是由于平时维护不够、车辆"带病"使用、遇到紧急情况不能及时停车和采取紧急避让措施。

对叉车安全技术状况的好坏缺乏足够的重视,错误地认为在企业内行驶的问题不大,对叉车的检查不经常、不严格,即使发现问题也不及时解决,常常凑合着使用,结果往往因其制动、转向、动力等性能突然变坏或零部件工作失灵而导致事故发生。

随着生产的发展,企业内叉车逐年增多。由于企业内叉车多是短距装卸、运输,车多,技术保障力量不足,一些管理者认为车辆就在厂区行驶、速度又慢,有些小毛病问题不大。驾驶员的技术能力差,维修工又少,所以,企业内叉车由于技术不良引发事故的比例很大。据统计由于缺乏防护装置或有车辆缺陷、设计缺陷、信号缺陷、附件缺陷等原因引起的企业内叉车事故占13.3%。因此叉车的技术状况需要加强,尤其是转向、制动装置的安全状况影响最大,其他如轮胎、灯光、刮水器、喇叭、后视镜也必须齐全、有效。

3. 厂区道路狭窄,路面状况不好

我国许多工矿企业厂区道路的设计不合理,不符合《工矿企业内运输安全规程》的要求。不少企业内行驶道路狭窄、照明不良、安全行车标志等设施很不完善，使车辆缺乏安全行驶的必要条件。

（1）道路条件差，装卸作业受限

厂区道路和厂房内、库房内通道狭窄、曲折，不但弯路多而且急转弯多，再加之路面两侧堆放的大量物品占用道路，致使车辆通行困难，装卸作业受限，经过视线不良、视距较短的区域时驾驶员盲目自信，不按章减速且无处理紧急情况的思想准备。在这种情况下，如果驾驶员精神不集中或不认真观察情况，很难保证行车安全。

（2）天气气候等自然条件的影响

因风、雪、雨、雾等自然环境的变化，下坡时，路滑处不减速、急打方向或紧急制动，会引起侧滑甚至翻车；在恶劣的气候条件下驾驶叉车，驾驶员的视线、视距、视野以及听觉受到影响，往往造成判断情况不及时，再加之雨水、积雪、冰冻等自然条件下会造成刹车制动时摩擦系数下降，制动距离变长或产生横滑，这些也是造成事故的因素。

（3）盲区较多、视线不良

由于厂区建筑物较多，特别是车间、仓库之间的通道狭窄，且交叉和弯道频繁，致使驾驶员在驾车行驶中的视距、视野大大受限，特别是在观察前方横向路两侧时的盲区较多，这在客观上给驾驶员观察、判断情况造成了很大的困难，对于突然出现的情况往往不能及时发现、判断，缺乏足够的缓冲空间，措施不及时而导致事故。

4. 安全制度及操作规程不健全，管理存在漏洞

企业对叉车在厂区行驶范围、路线、速度、货物装载情况等无明确的规定，因此，有的车辆转弯不减速、鸣笛；通过路口不是"一慢、二看、三通过"，而是争道抢行、出入大门不减速慢行；强行通过狭窄通道，强行超车，造成企业内交通混乱，事故极易发生。

（1）违章指挥，无证驾车

按照有关规定。企业内叉车驾驶员须经过专业培训、考核，取得驾驶资格后方准驾车。在车辆伤害事故中，由于无证驾车，一方面使事故率较高，另一方面使事故后果相当严重。无证驾驶车辆肇事之所以难以杜绝、屡禁不止，不仅由于无证驾车人员法制观念淡薄，根本原因还在于企业安全管理不

到位、处理不严，甚至有的是个别领导违章指挥所致。一般情况下多数是无证者由于好奇而私自驾车或驾驶员违反规定私自将车交给无证人员开车造成的。

(2) 叉车安全行驶制度执行不力

建立健全安全行车的各项规章制度，目的是避免和最大限度地减少车辆事故的发生。但由于执行不力，落实不好，或有章不循，对发生的事故现象或先兆不去认真分析和处理，使之大事化小、小事化了，从而使各种制度形同虚设，淡化驾驶员的安全意识，这是导致叉车事故不断发生或重复发生的重要因素之一。反之，如果有章必循、违章必究，叉车在行驶中发生险情或事故时，本着"三不放过"的原则，查明原因、分析责任并严肃处理，就会不断强化广大叉车驾驶员的安全意识，进一步提高他们遵章守纪的自觉性，减少和避免以后叉车事故发生。

(3) 车辆维修不及时，"带病"运行

车辆在运行过程中必然要出现正常的磨损和异常的损坏，在车辆的管理中，企业必须建立定期的车辆维护、修理及检验制度。按规定适时对车辆进行检验、维修，随时保证车辆的完好状态。与此同时，驾驶员还要严格执行出车前、行车中及收车后的车辆"三检"制度，及时发现、排除各种故障与隐患，只有这样才既能顺利完成各项生产任务，又能确保行车安全。但有的企业和驾驶员只管用车不管维护、修理，致使车辆带病运行，从而导致事故的发生。

(4) 交通信号、标志、设施不全或设置不合格

交通信号、标志、设施是在某些路段、地点或在某些情况下对车辆驾驶员或其他交通参与者提出的具体要求或提示，从某种意义上讲，带有明显的规范性和约束力，是企业内交通安全管理的组成部分。按照有关规定，各种交通信号、标志、设施的覆盖面，特别是在厂区的繁忙路段、弯道、坡道、狭窄路段、交叉路口、门口等特殊条件下应达到100%，而且安全管理部门应经常检查、教育、督促驾驶员和其他人员认真遵守。但有的企业对此认识不足，不同程度上存在着交通信号、标志、设施不全或设置不合格的情况，这样驾驶员就难以据此在不同的道路情况下或在某些特殊情况下按具体要求做

到谨慎驾驶、安全行车。

模块八　常见叉车伤害事故及其预防

一、企业叉车装卸、运输的安全隐患及其事故危害

企业叉车装卸、运输在企业生产环节中起着越来越重要的作用，因此企业叉车的拥有量也在逐年增加。据对我国部分大城市的统计，企业承担装卸、运输任务的叉车平均拥有量都在数万台以上，而且随着生产规模的进一步发展叉车拥有量还有逐年递增的趋势，然而这些设备仍然存在着设备老化、技术落后的问题，再加上目前有关企业内运输安全的法规、制度不够健全，企业内运输安全管理工作没有到位，因而相关工作得不到应有的重视。目前，企业内叉车装卸、运输的现状具体表现在以下方面：

我国工矿企业内叉车技术装备比较落后，且缺乏正常的车辆维护和车辆审核制度；缺乏统一完善的企业内叉车驾驶安全规程；有的工矿企业安全技术规程的贯彻执行处于"写在纸上、挂在墙上、喊在嘴上"的程度。另外，厂区道路的设计不合理，车辆的安全运行存在隐患，也是影响运输安全的一个因素。

安全管理混乱，有违章作业、违章指挥等情况发生。通过分析机械、化工、交通等多个行业发生的作业伤亡事故，发现其中95%的事故是可以避免的责任事故。而且这些责任事故中大多是由于领导违章指挥、工人违章作业造成的。

企业职工新老交替，职工安全教育和技术培训却跟不上，尤其是对企业内叉车驾驶员缺乏安全技术培训，以干代学和不经考核就驾驶叉车的现象普遍存在。因此，有相当数量的企业内叉车驾驶员不懂安全驾驶技术，安全技术素质较差，在部分个体、私营企业内此情况尤为突出。

企业内叉车是联系生产工艺过程的纽带，随着工业生产现代化的发展，企业内叉车越来越占有重要的地位。但是我国工矿企业内用于运输的叉车技

术装备还比较落后，有些厂区道路设计也不够合理，企业运输安全管理有待进一步完善或加强，因而企业内叉车伤害事故屡有发生，有些工矿企业的叉车事故所造成的伤亡人数要占全厂各类因工伤亡总人数的60%以上，直接影响着企业的安全生产和经济效益，而且还会给个人、家庭和社会带来许多严重后果，对国家造成不良的社会影响，扰乱社会安宁。因此，每一名叉车驾驶员都要把安全行车作为一项基本任务。作为一名叉车驾驶员的首要任务，就是贯彻执行安全质量第一的方针，要自觉地遵章守法、安全运输生产，努力研究驾驶及维修技术，爱护车辆，树立良好的驾驶作风，为现代化建设多做贡献。

企业内叉车虽然只是在厂区内进行装卸、运输作业，但如果对厂内装卸、运输作业安全的重要性认识不足，思想麻痹、违章驾驶、叉车"带病"运行以及管理不善等，就会造成叉车事故的发生。企业内叉车事故发生的原因是多方面的，要想预防事故，就必须对事故发生的原因进行认真的分析，并从中吸取经验教训、举一反三，以采取相应的防范措施，达到避免类似事故发生的目的。

二、企业内叉车装卸作业事故分析

1. 企业内叉车事故情况分析

常见叉车事故按叉车事故的事态分，有碰撞、碾压、翻车、爆炸、失火以及搬运、装卸中坠落及物体打击等原因造成的。按厂区道路分，有弯道、直行、坡道、交叉和铁路道口、狭窄路面、仓库、车间等行车事故。按伤害程度分，有车损事故、轻伤事故、重伤事故、死亡事故等。

企业内叉车伤害事故是一种随机事件，事故的发生包含着偶然因素。从人为因素造成的车辆事故来分析，可以看出是某种不安全因素的客观存在随时间进程产生意外而显现出的一种现象。但在一定范畴内，应用偶然性定律、采取概率论的分析方法，可以找出根本性的问题。然后从车辆伤害的偶然性中找出必然性，认识车辆伤害的规律，把车辆事故消灭在萌芽状态之中，变不安全状态为安全状态，以达到防患于未然、预防车辆伤害事故的目的。

叉车在厂区进行正常生产活动的时候，安全隐患是潜在的，并非一定会发展成事故，但一旦条件成熟，它就会显现出来变为事故，这就是车辆事故的"潜在性"。如果我们已经知道某种车辆事故发生的主要原因，而又允许某一辆车存在的这种原因不加以改正，就有可能发生相似的同类事故，这就是车辆事故的"再现性"。当然，绝对相同的事故是没有的，其不同点就是"时间"或"空间"不尽一致。企业内叉车事故的发生是有其原因的，这些原因是客观存在的，也是我们能够认识的，能够认识过去所发生的事故，这就积累了经验，再加上人们通过感官取得外界条件的信息，经过大脑的综合判断，就可以杜绝潜在车辆事故。

2. 构成厂区叉车事故的基本要素

从事故分析中可以看出，各种类型的企业叉车伤害事故都有一个共性，就是每一起车辆事故都由几个基本要素构成，即人、车、路和环境情况。企业内叉车事故的发生基本上都与人有关，如领导的违章指挥会造成管理上的缺陷；驾驶员的违章行为会构成车的不安全状态；行人的违规行为会给路上增加矛盾交织危险点，形成事故隐患。而人是有差异的，造成差异的原因是多方面的，如遗传的原因、社会的原因、生活习惯的原因等。人不同于机器，人是有思维的。驾驶员在行车过程中的判断、推理就是大脑的思维在发生作用。但是，在完成某种既定的运动时，这种自由的思维反而成为弱点，使人的安全、可靠性比机器要差。预防企业内叉车事故从人的角度出发，就是要提高驾驶员驾驶车辆的安全、可靠性。

车辆的固有属性及其所具有的潜在破坏能力表示行驶或工作的车辆处于不安全状态之中，这些不安全因素是随生产过程的存在而存在的。企业内叉车的不安全因素主要是"带病"行驶问题。车的故障不及时排除，无异于养虎为患。车辆的不安全状态是客观存在的，它可以由一种形式转变为另一种形式。它转化为事故是有一定条件的，企业内叉车事故的预防就是要掌握这些转化条件，有的放矢，采取措施消除这些转化条件，预防事故的发生。

道路是交通的必要基础，它的功能是供车辆行驶和人们行走，建设的要求是安全、迅速、经济、舒适，其中安全是最重要的。根据国家标准《GB 4387—1994工矿企业厂内铁路、道路运输安全规程》的规定，道路必须保证有足够的视距，不得有妨碍驾驶员视线的障碍物。道路的质量、技术标准和事故有着直接的关系。

厂区道路弯道平曲线不合理，弯道外侧未设倾斜高度，会致使车辆转弯时由于平衡向心力的道路摩擦力过小而造成车辆侧滑和翻车。厂区道路竖曲线和凹型竖曲线不合理，就会造成叉车失重、操作失灵等事故。厂区道路平曲线或竖曲线的视线盲区内相撞事故最多。路面湿滑或积雪，叉车在紧急制动时多发生侧滑、甩尾等行车事故。所以，要预防企业内叉车事故，加强道路的维修、保养与管理是必要的。

任何车辆事故总在一定的环境中产生，环境条件影响着人的因素、车的因素和道路因素。环境可分为社会环境、自然环境和生产环境。要预防企业内叉车事故，研究环境的不利条件所带来的恶果是十分重要的。要想减少运输流的事故频率，必须减少人与车辆的接触机会。企业内运输机械化程度越来越高，这样虽然缩短了运输时间，有利于搬运工作安全，但事故类型也会随之发生质的变化。随着运输距离的增长，厂区运输路线变得比较复杂，这就使车与运输环境发生更密切的联系。这就要求对厂区的运输环境加强治理、整顿，以减少在厂区运输中因环境因素不良而导致的事故。

三、企业叉车事故预防

1. 企业内叉车事故预防的基本原则

"安全第一、预防为主"是企业运输管理的一贯方针。所谓"安全第一"，就是树立对国家和人民生命财产高度负责的精神，把安全工作当作头等大事，放在一切工作的首位，切实做到"先安全、后生产，不安全、不生产，抓安全促生产"。在运输生产过程中，充分体现"安全为了生产、生产必须安全"的宗旨，强调做好事故发生的事前控制，防患于未然。

（1）事故可以预防原则

这里所指可以预防的企业内叉车事故不包括自然事故。企业内叉车事故可以预防是指：

①损失预防措施，即事故发生后减少或控制事故损失的应急措施。如企

业内叉车倾翻后防止火灾事故及发生事故后的现场急救等。

②事故预防措施，即消除事故发生的根本措施。

前者属于消极对策，后者属于积极的预防对策。在企业内叉车事故预防工作中，研究事故发生后的应急对策是完全必要的。但是，加强积极的预防对策研究，使企业内叉车不发生事故或使灾害减少到最低限度才是预防事故的上策。

（2）防患于未然的原则

企业内叉车事故与损失是偶然性关系。事故的发生是内因作用的结果，但事故何时发生、损失程度如何等都是由偶然因素决定的。即使是同类车辆伤害事故，其伤亡损失也不尽相同，有时也可能未造成损失。由于事故与后果存在着偶然性关系，唯一的、积极的办法是做到防患于未然。

只有防止事故，才能避免损失。目前，企业内叉车安全管理上常用的方法是从事故的严重程度入手分析事故性质，以此判别是否需要预防的依据。这种方法是片面的。因为它无法反映事故前的不安全状态、不安全行为和车辆管理上的缺陷。因此，从预防企业内叉车事故的角度考虑，对于已发生企业内叉车伤害或损失的事故以及未发生伤害或损失的险肇事故均应全面地判断隐患并分析原因，提出切合实际的预防对策。总之，预防企业内叉车事故的关键，不仅应当着眼于减少或控制伤害程度，更重要的是从根本上防止事故的发生。

（3）对事故的可能原因必须予以根除的原则

企业内叉车事故与其发生原因有必然性关系。事故的发生总是有原因的，我们可以从必然性的因果关系中去理解车辆事故发生的经过，即"基础原因——间接原因——直接原因——事故——损失"。

为了使预防措施得当，必须对企业内叉车事故进行全面调查，准确找出直接原因、间接原因和基础原因。如果在企业内叉车事故调查中只列出直接原因，即在事故发生前的瞬间所做的或发生的事情，或者说是在时间上最接近事故发生的原因，而没有从管理缺陷及造成管理缺陷的基础原因方面去分析，所采取的对策往往仅针对直接原因，预防措施就不全面或无效。所以，有效的企业内叉车事故预防措施来源于深入的原因分析。

由于企业内叉车事故的复杂性，其原因有时不容易立即调查清楚，即使知道原因，有时也不能简单解决，而且有时事故处理草率，只采取应急措施，使问题要害及实质被掩盖，这是事故隐患不能根除的主要原因之一，大量重复的企业叉车伤害事故已经证明了这一点。所以，在企业内叉车事故的预防中，必须坚持根除事故可能原因的原则。

（4）全面治理的原则

目前，在整治企业交通安全时，有人认为关键在于严格执行企业运输安全规程；有人认为企业内叉车伤害事故多，主要在于驾驶员和职工道路行驶违章，因而关键是加强企业内交通安全教育；也有人认为目前车辆事故多是因为道路太差、视线盲区多、车辆技术问题等。这些想法都是正确的，只是所强调的侧重点不一样，如果从理论上提高一步，把法规、教育、工程三者统一考虑就全面了，这就是全面治理的原则。全面治理就是"三因原则"，即管理原因、教育原因以及技术原因。预防的对策为法制对策、教育对策及技术对策，这是企业叉车事故预防的3根支柱。

法制对策指通过国家机关、企业等组织制定并颁布执行的有关安全规范和安全标准。如针对叉车的安全技术问题，国家就制订了《GB 7258—2004 机动车运行安全技术条件》，符合条件的车辆准许运行，有问题的车辆必须整改；针对人的不安全行为，应加强对驾驶员的教育和培训，以提高其行为的可靠性；针对处理上的缺陷应加强控制手段。企业内叉车管理所有的标准、法规及条例是防止事故发生所应该遵守的最低要求，是保证企业内叉车安全行驶的必要条件，但不是充分条件。根据全面治理的原则，在企业内叉车事故预防中应该选择最恰当的对策，而最恰当的对策是在分析原因的基础上得出来的，最根本的对策则是以间接原因和基础原因为对象的对策。

教育对策指通过家庭、学校、社会等途径进行传授与培训，使驾驶员掌握安全知识。对企业内叉车驾驶员主要进行在职培训，使其提高安全行车认识。教育内容应包括安全常识、安全技能、安全态度等3个方面。

技术对策指对车辆、道路、安全设施、操作等方面从安全角度考虑所应该采取的措施。

在企业内叉车运输中的安全工作重点就是将"事后处理"转变为"事前

预防"，针对可以预见到的事故隐患，采取积极有效的措施加以杜绝，争取在未发生事故之前将其消除。同时"预防为主"还体现在管理人员平时对驾驶员的安全教育上，要加强安全管理，提高驾驶员的思想、技术素质，提高叉车安全性能等各方面。目前，我国工矿企业普遍存在厂区道路设施不良，尤其是安全设施差的现象，这给交通安全管理增加了一定难度。不少单位领导存在重生产轻安全；重经营，轻管理；重经济效益，轻思想教育的思想，以致违章肇事情况特别严重，为此，企业的运输安全管理工作已经提到了重要议事日程上。企业运输系统应当正确引领驾驶人员认真学习上级有关交通安全文件的精神和法规，进一步摆正安全与生产的关系，用典型事例教育大家，使之牢牢树立"安全第一、预防为主"的思想，克服麻痹大意思想，扎实做好企业内交通安全管理，保障企业安全生产运输。

2. 制定企业内叉车物流装卸、运输的安全对策

企业内叉车装卸、运输是工矿企业中普遍采用的一种运输方式，随着企业内叉车数量的增多，车辆伤害事故也频繁发生，为加强企业内叉车运输的安全管理，建立良好的生产秩序，保证生产顺利进行，企业内部交通运输安全管理是十分重要的长期任务之一，是企业运输抓优质服务、高产高效的重要环节。企业运输安全直接关系到国家和人民生命财产的安全，从而影响到企业的生产和经济效益。企业内部交通运输安全管理也是整个国家交通安全管理的组成部分，应做到预防为主、减少事故，确保安全运行，促进现代化建设。企业内叉车事故预防措施，从根本上说就是为了消除可能导致车辆伤害事故发生的因素，要做到这一点，企业必须加强运输安全管理。其主要内容包括企业内运输安全生产的组织措施、工程技术措施、安全教育措施、安全检查管理措施等。具体包括以下6个方面：

①加强安全教育，做好安全警示，防患于未然。叉车驾驶员掌握安全常识对于减少事故至关重要，现在生产的叉车在门架等部位大都贴有"货叉上禁止站人"、"货叉载荷下禁止停留"等安全图示，如果在叉车出厂的使用说明书上印刷上内容全面的安全图示，则是更为有效的安全教育手段，也是叉车生产厂家容易做到的。目前，有些合资企业在产品的使用说明书中就有相关的安全警示内容，有些国内厂家的产品使用说明书上仍仅是介绍叉车的结

构、性能、操作方法、维护、常见故障排除等知识，而无安全驾驶、安全标志等内容。操作者在阅读说明书时也就学不到安全驾驶的常识。

②不断改善和提高叉车技术性能，经常保持良好技术状态。为此，应选用专业生产厂家的定型产品。在使用过程中，叉车的制动器、转向器、喇叭、灯光、刮水器和后视镜必须保持齐全、有效；行驶途中如制动器、转向器、喇叭、灯光发生故障或雨雪天刮水器发生故障时，应停车修复后方准继续行驶。做好叉车日常检修和保养工作，使叉车经常保持良好技术状态，保证安全行车，并按安全管理部门规定的时间接受检验。管理人员应随时掌握叉车的技术更新状况，制定维修计划并按期落实，企业领导应在资金上给予保证。

③改善厂区道路条件，结合技术改造逐步改善道路条件和运行作业环境。厂区道路的好坏也直接影响企业内叉车装卸、运输的安全质量。为保证行车安全，应有足够的会车视距，即叉车在行驶至厂区弯道口时，叉车驾驶员可以清楚地看到弯道口另一侧的情况，在这一视距范围内不应有建筑物或树木等遮挡物。当道路与铁路平交时，交叉口应尽量设置在瞭望状况良好的地点。厂区道路还应经常保持良好的路面，平坦、坚实，不得堆放杂物，以免影响叉车行驶。道路上还应按有关规定设置交通安全信号、标志。企业的有关部门还应根据叉车的作业特点，合理布置厂区叉车装卸、运输的工艺流程，使叉车的行驶路线处在最合理的路线上，即运输距离最短、行驶路线上人流少、道路平坦等。这样就可以减少或控制危害的发生。

④加强对叉车驾驶员的管理和培训，不断提高他们的安全技术素质，严格进行理论知识和实际操作考试，严格执行凭证驾车制度。企业内叉车必须由持有安全生产监督管理部门核发的特种作业操作证的驾驶员驾驶，驾驶员应不断学习、提高驾驶技术以保证安全行驶。各单位应经常对企业内叉车驾驶员进行安全教育以提高驾驶员的安全素质。

⑤建立健全叉车安全管理机制，设置专职管理人员是做好叉车安全管理的组织保证。企业应设立专门的车辆管理部门，加强对企业内叉车的安全管理；定期组织对企业内叉车驾驶员的安全教育，检查安全行车情况，制定安全操作规程和奖惩制度；对叉车应建立技术档案，定期进行检查，消除事故隐患，使叉车处于良好工作状态。按照有关规定，企业内叉车由当地主管部

门或企业交通安全管理部门核发叉车牌照和行驶证，并进行年检制度。

⑥根据《中华人民共和国道路交通管理条例》，结合本企业具体情况，制定叉车在厂区、车间的行驶和物料装载规则，叉车的检查、维护制度和安全操作规程，做到有章可循。除上述要求之外，企业还要大力加强和完善社会主义的交通法制建设，搞好法规的宣传和普及教育工作，提高从事物流运输的职工的法制观念，增强他们的安全意识和自我保护意识。加强交通安全管理队伍建设，注意培养交通安全管理专业人员，提高他们的业务水平和技术素质，严格依法办事，实施综合治理。结合本企业生产实际，制定和完善各项交通安全管理措施、制度，做到有章可循、有法可依、严格管理。不断提高驾驶员的技术素质和操作水平，鼓励他们钻研业务、练好本领。大力开展交通安全宣传教育，开展百日安全立功竞赛，表彰安全行车的好人好事，调动和激发他们的积极性。有计划、有组织地开展定期检查，发现隐患时及时制止、绝不手软。掌握批评"教育从严、处理从宽，教育为主、处罚为辅"的原则。深入基层召开现场会，帮助抓好典型交通事故分析。根据"三不放过"原则，查明事故原因并找出事故漏洞，制定防范措施，对肇事者提出处理意见。帮助驾驶人员解决后顾之忧，关心和体贴他们，为安全生产创造条件，不断改善运行条件维护他们的切身利益。举办安全行车经验交流会，总结、交流和探讨安全行车新经验、新技术，并将之推广应用到交通安全管理工作中去。积极推广和采用现代科学安全管理手段如生物节律、心理分析指导、车辆监测技术。运用工程心理学、生理学理论指导安全运行，加强交通管理。

工矿企业生产运输现场是一个动态、复杂、多变的系统，是人、车、路物流动态交汇的场所。在这个区域内，各要素之间相互依赖、相互作用、相互联系，如果其中一个要素失控将对整个系统产生影响，往往会造成事故与损失。因此，必须严格控制处理好人、车、路、物流在叉车作业过程中产生的矛盾与问题，以期达到避免事故发生、保障厂区装运安全的目的。

练习题与实训项目

一、练习题

1. 我国企业内叉车装卸、运输中存在哪些事故隐患？
2. 构成场内叉车事故的基本要素有哪些？
3. 企业内叉车事故预防的基本原则是什么？

二、实训项目

1. 企业物流叉车事故的生产状态分析。
2. 叉车伤害事故的分析。
3. 制定本企业物流叉车装卸、运输中的安全管理措施。

参考文献

[1] 王耀斌. 物流装卸机械［M］. 北京：人民交通出版社，2003.

[2] 张育益. 国产内燃叉车结构与使用维修［M］. 北京：金盾出版社，1997.

[3] 吴宗宝. 企业内机动车辆驾驶员［M］. 北京：气象出版社，2002.

[4] 周传兴. 装卸搬运车辆［M］. 北京：人民交通出版社，2001.

[5] 刘敏. 物流设施与设备［M］. 北京：北京大学出版社，2008.